Agile Prozessoptimierung

Prozesse schnell, einfach und wirkungsvoll verbessern

von
Dr. Marco Olavarria
und
Sabrina Buschow

Verlag Franz Vahlen München

Inhalt

Inhalt 4
Vorwort 6
Glossar 9

1 Einleitung 12
2 Die Methode 18

2.1 Ziele, Umfang und Beteiligte festlegen 22
2.1.1 Welche Ziele verfolgt die Prozessoptimierung? 22
2.1.2 In welchem Umfang soll die Prozessoptimierung erfolgen? 26
2.1.3 Wie erfolgt die Priorisierung der zu betrachtenden Prozesse? 31
2.1.4 Welche Beteiligten werden für die Prozessoptimierung benötigt? 35
2.1.5 Extra: Kommunikation im Veränderungsmanagement 42

2.2 Feinplanung durchführen, Team trainieren und Rollen klären 48
2.2.1 Team einbinden und gemeinsam die Feinplanung durchführen 48
2.2.2 Vorbereitung des Projektteams auf die Durchführung der Agilen Prozessoptimierung 60
2.2.3 Wer nimmt welche Rolle für die Prozessoptimierung ein? 77
2.2.4 Welche Mengengerüste und Zeiten erheben wir? 82
2.2.5 Wie kann ich mein Team optimal auf die Prozessdurchläufe vorbereiten? 87

2.3 Prozessdurchläufe durchführen 101
2.4 Prozessdurchläufe dokumentieren 106
2.5 Optimierte Prozesse entwickeln 111
2.6 Maßnahmen zur Umsetzung planen und durchführen 136

3 Agile Prozessoptimierung digital 143
3.1 Agile Prozessoptimierung mit webbasierten Prozessmanagement-Tools 145
3.2 Agile Prozessoptimierung mit digitalen Whiteboards 149

Literaturverzeichnis 157

V

Vorwort

Wundern Sie sich auch immer wieder darüber, dass Prozesse in Ihrem Unternehmen krude ablaufen? Man sollte doch meinen, dass es einfach sein muss, logisch aufgebaute Prozesse zu gestalten und diese schlank und effektiv zu durchlaufen. Unsere Erfahrung ist, dass dem nicht so ist. Warum? Zum einen ist viel zu bedenken. Prozesse in Unternehmen weisen sehr viele Gestaltungsparameter auf: Informationen und Materialien müssen zusammengeführt werden, der Faktor Zeit muss bedacht werden. Die richtigen Aktivitäten müssen in einer optimalen Abfolge mit geeigneten Werkzeugen durchgeführt werden. Entlang des Weges müssen Prioritäten abgestimmt und Entscheidungen getroffen werden. Eigene und Regeln Dritter wirken auf den Prozess ein und müssen beachtet werden. Und natürlich gibt es den Faktor Mensch mit seinen Gewohnheiten, Interessen und einer gewissen Bequemlichkeit. Letztere führt häufig dazu, dass nur einzelne Prozessschritte optimiert werden, der Gesamtprozess hierdurch aber eher leidet.

Mit diesem Buch möchten wir Ihnen daher eine einfach anzuwendende Methode an die Hand geben, mit der Sie die Prozesse in Ihrem Unternehmen gesamthaft optimieren können.

Da sämtliche Wertschöpfung in Unternehmen in mehr oder weniger stark und mehr oder weniger gut strukturierten Prozessen erbracht wird, ist dies eine Kernaufgabe des Managements. In der Ausführung der verschiedensten Prozesse, also der Durchführung von miteinander verbundenen Aufgaben zur Erbringung einer Leistung, entscheiden sich die Effektivität und die Effizienz des Handelns im Unternehmen: Wie kundenorientiert agieren wir? Wie schnell führen wir Aufträge und Aufgaben aus? Welche Güte haben die von uns erbrachten Leistungen? Wie kostengünstig (oder eben kostenungünstig) erbringen wir unsere Leistungen? All diese Faktoren hängen davon ab, wie Prozesse ausgeführt werden und wie sie ineinandergreifen.

Neben diesen grundlegenden Anforderungen an die Prozesse wächst in Zeiten dynamischer Veränderungen der Wunsch – oder auch die Notwendigkeit –, agiler zu sein. Das Unternehmen soll anpassungsfähiger werden. Es soll schneller werden. Und innovativer. Es soll sich voll auf den Kundennutzen fokussieren und Verschwendung vermeiden. Dies erfordert oftmals die Entwicklung einer veränderten Haltung zu Planungs- und Entscheidungsprozessen, zur Rolle von Hierarchie versus Selbstorganisation von Teams und zu Managementprozessen.

Letztlich kommt es darauf an, dass agile Prinzipien in der täglichen Arbeit, also bei der Ausführung der Prozesse über das gesamte Unternehmen hinweg, wirksam werden. Wo ein agiles Entwicklungsteam in kurzen Zyklen neue Produktversionen zur Verfügung stellt, Marketing und Vertrieb aber die Kommunikation mit den Kunden nicht in derselben Taktung bewältigen können – da wird es problematisch. Wo ein agiles Marketingteam dem Vertrieb fortlaufend neue Leads in besserer Qualität zur Verfügung stellt, diese aber vom Vertrieb nicht zeitnah bearbeitet werden – da steigen die Kosten, die positive Wirkung aber verpufft.

Wirksame Agilität und hohe Effizienz erfordern die geeignete Gestaltung der Prozesse, und zwar „End-to-End", also vom Startpunkt bis zum Abschluss des Prozesses. Eine Gestaltung, die agile Prinzipien wirksam in die Prozesse verankert. Prinzipien wie:

Planung ist wichtig und erfolgt für überschaubare Zeitintervalle in funktionsübergreifenden Teams – so kann das Vorgehen aller beteiligten Bereiche schnell an geänderte Rahmenbedingungen und neue Erkenntnisse angepasst werden.

Wer ausführt, plant mit – so wird die Ressourcenlage bereits in der Planung berücksichtigt, die aufwändige nachgelagerte Ressourcenabstimmung entfällt und akzeptierte Verantwortung wird erreicht (im Gegensatz zur lediglich zugewiesenen Verantwortung).

Wer ausführt, fokussiert sich auf eine Aufgabe zu einem Zeitpunkt – zu viele Aufgaben in einem Team oder bei einer Person führen zu einem hohen Aufwand für den Kontextwechsel, mehr Störungen, höherem Stress und somit zu mehr Fehlern mit entsprechenden Folgekosten.

Bevollmächtigte Teams lösen Probleme und treffen Entscheidungen – die Entwicklung von Problemlösungen und Entscheidungen im direkten, funktionsübergreifenden Austausch erfolgt oftmals schneller und ist rascher umsetzbar, als den Weg über verschiedene Hierarchieebenen zu nehmen.

Hindernisse werden so früh wie möglich erkannt und so schnell wie möglich aus dem Weg geräumt – die Beseitigung von Hindernissen meidet Ärger, Mehrkosten und Ineffizienz und sorgt für einen stetigen Fluss entlang der Prozesskette.

Anhand der obigen Beispiele ist leicht erkennbar: Agilität und schlecht gestaltete Prozesse vertragen sich nicht. Wer agiler werden möchte, sollte daher zunächst die bestehenden Prozesse auf den Prüfstand stellen und optimieren. Ein Prozess mit vielen Schleifen und hierarchieübergreifenden Abstimmungsprozessen wird durch eine Praktik wie ein Daily Standup vielleicht erträglicher, aber insgesamt nicht besser. Vielmehr sollte geprüft werden, wie mittels der gezielten Verankerung agiler Praktiken entlang der Prozesskette der Prozess insgesamt optimiert werden kann. So kann ein noch höheres Qualitätsniveau erreicht und das fortlaufende Management des Prozesses sowie dessen kontinuierliche Optimierung gesichert werden.

Genau für diesen Zweck ist die Agile Prozessoptimierung entwickelt worden. Sie zeichnet sich aus durch:

Einfachheit. Sie werden keine Probleme haben, die Methode in Ihrem Unternehmen anzuwenden. Die Methode ist einfach zu verstehen, einfach anzuwenden und führt schnell zu Ergebnissen.

Teamarbeit. Die Methode baut auf die Einbindung verschiedener Personen (und somit Perspektiven) aus möglichst allen Organisationseinheiten, die in den Prozess involviert sind. So ist das Team in der Lage, eine umfassende Bewertung entlang des gesamten Prozesses vorzunehmen und diesen bereichsübergreifend zu optimieren.

Fokussierung. Die Arbeit als Team ermöglicht den Beteiligten, sich jeweils auf einen wichtigen Aspekt zu fokussieren. Gleichzeitig kann das Team in Summe alle wichtigen Gesichtspunkte erfassen.

Planung, Entscheidung und Durchführung. Mit der richtigen Teambesetzung kann sofort entschieden werden, welche Optimierungsmaßnahmen mit welcher Priorität, wie und durch wen umgesetzt werden.

Ganzheitlichkeit. In Summe sorgt die Methode für umfassend gute Lösungen, schnelle Entscheidungsfindung und zielführende Umsetzung.

G

Glossar

Agil

Das Adjektiv *agil* bedeutet laut Duden: von großer Beweglichkeit zeugend; regsam und wendig. Agilität ist somit die Beweglichkeit von Organisationen und Personen beziehungsweise in Strukturen und Prozessen. Agil heißt, aktiv, flexibel und anpassungsfähig zu sein, um auf unvorhergesehene Ereignisse und neue Anforderungen reagieren zu können. Agiles Arbeiten ist somit der Versuch, die bestmögliche Zusammenarbeit in Zeiten der kontinuierlichen Veränderung zu ermöglichen. Hierfür muss eine positive Haltung zu ständiger Veränderung gefördert werden und alle Beteiligten müssen befähigt werden, dauerhaft möglichst gut mit ständiger Veränderung umzugehen, indem sie nach agilen Prinzipien agieren.

Agile Methoden

Agile Methoden, wie zum Beispiel Scrum, Kanban oder Design Thinking, kombinieren verschiedene → agile Praktiken zu einem geregelten Handlungsrahmen, der das Agieren nach → agilen Prinzipien ermöglichen und absichern soll.

Agile Praktiken

Sind die agilen Prinzipien die Leitgedanken, denen eine Organisation folgt, so sind agile Praktiken ihre Werkzeuge, mit denen sie Agilität in der täglichen Zusammenarbeit verankert.

Agile Prinzipien

Agile Prinzipien formulieren Thesen, welche handlungsleitenden Gedanken zu höherer Agilität führen. Die Vielzahl agiler Prinzipien lässt sich in fünf Kategorien gliedern: Adaption, Arbeitsfluss, Kommunikation, Organisation und Entwicklung.

End-to-End

Zentraler Bestandteil der Agilen Prozessoptimierung ist die Betrachtung der tatsächlich gelebten Ist-Prozesse vom Startpunkt bis zum Abschluss des Prozesses – also „End-to-End", auch über Abteilungsgrenzen hinweg. So können die am → Prozessdurchlauf Beteiligten Rahmenbedingungen, Anforderungen und Vorgehensweisen der im Prozess vor- und nachgelagert tätigen Kollegen erkennen und gemeinsam das Vorgehen an den Schnittstellen für eine bessere bereichsübergreifende Zusammenarbeit optimieren.

Inputgeber

In der Agilen Prozessoptimierung sind die Inputgeber Mitarbeiter, die Tätigkeiten im zu optimierenden Prozess ausführen. Während der Prozessdurchläufe geben sie zu einzelnen Prozessschritten und deren Ausführung im Ist Auskunft. Sie erläutern die Übergaben der vor- und nachgelagerten Schritte und weisen auf häufige Fehlerquellen in der Ausführung hin.

Ist-Prozess

Der Ist-Prozess beschreibt den heutigen, aktuell im Unternehmen gelebten Ablauf eines Prozesses. Er beschreibt, welche Aktivitäten in welcher Reihenfolge wie ausgeführt werden, welcher Input an welcher Stelle im Prozessablauf zugeliefert wird, durch welche Organisationseinheiten und Rollen beziehungsweise Funktionen die Aktivitäten ausgeführt werden und welches das Ergebnis des Prozesses ist. Maßgeblich hierbei ist nicht der gewünschte oder konzipierte Prozess, sondern das tatsächlich in der täglichen Arbeit gelebte Vorgehen.

Key Performance Indicator (KPI)

Key Performance Indicators sind Leistungskennzahlen, anhand derer die Prozesse in einem Unternehmen überwacht und gesteuert werden können. Mit Hilfe einiger ausgewählter Kennzahlen lassen sich Fortschritt oder Erfüllungsgrad hinsichtlich wichtiger Zielsetzungen oder kritischer Erfolgsfaktoren des Prozesses messen. Die Kennzahlen sollten möglichst einfach und verständlich sein und für alle Prozessbeteiligten transparent dargelegt werden.

Optimierer

Die Optimierer bilden das Projektteam der Agilen Prozessoptimierung. Sie sichten und bewerten die Prozesse gemeinsam im Rahmen der → Prozessdurchläufe. Aufgabe der Optimierer ist es zudem, geeignete Maßnahmen zur Umsetzung der identifizierten Verbesserungsansätze zu erarbeiten und deren Umsetzung zu unterstützen. Das Team der Optimierer wird in der Agilen Prozessoptimierung heterogen besetzt. So sind verschiedene Perspektiven im Team vertreten, zum Beispiel Mitarbeiter mit unterschiedlichem Fachwissen und spezifischen Erfahrungen, Mitarbeiter mit verschiedenen Motiven, Mitarbeiter verschiedener

Hierarchieebenen, in den Prozess involvierte Mitarbeiter und „Außenstehende". Das Team agiert selbstorganisiert.

Prozess

Ein Prozess ist eine Abfolge von Aktivitäten oder Handlungen, die durch ein oder mehrere Ereignisse ausgelöst werden. Aktivitäten wiederum können mehrere Einzelaufgaben umfassen, die von einer Person, Rolle oder Funktion bearbeitet werden. Bei der Ausführung eines Prozesses wird ein definierter Input in einen definierten Output, das Ergebnis des Prozesses, überführt. Jeder Prozess hat einen Anfang und ein Ende.

Prozessbeteiligte

Unter dem Begriff Prozessbeteiligte werden in der Agilen Prozessoptimierung alle Personen in und außerhalb eines Unternehmens gefasst, die in irgendeiner Weise zur Ausführung des betrachteten Prozesses beitragen oder diesen unmittelbar beeinflussen. Das können sowohl Personen sein, die einzelne Arbeitsschritte innerhalb des Prozesses ausführen, als auch Personen, die einen den Prozess beeinflussenden Input beisteuern oder für den Prozess relevante Entscheidungen treffen. In der Agilen Prozessoptimierung werden die Prozessbeteiligten direkt in die Optimierung der Prozesse eingebunden – entweder als Optimierer oder als Inputgeber. Wichtig ist hierbei, dass Prozessbeteiligte mit unterschiedlichen Rollen im Prozess eingebunden werden, um so das gesamte Wissen über die Prozesse nutzbar zu machen.

Prozessdurchlauf

In der Agilen Prozessoptimierung werden, wo immer möglich, die tatsächlichen Abläufe eines Prozesses vor Ort am jeweiligen Arbeitsplatz des Inputgebers betrachtet. Hierfür wird der Prozess Schritt für Schritt durchlaufen. So werden deutlich mehr Eindrücke aufgenommen als bei einer Betrachtung auf dem Papier oder im Rahmen von Workshops. Die Prozesse werden möglichst End-to-End, also von Anfang bis Ende, durchlaufen. Das Team erkennt so wichtige Zusammenhänge und Optimierungsansätze. Bei standortübergreifenden Prozessen oder Prozessen mit einem sehr hohen Anteil an dezentralen Tätigkeiten, zum Beispiel im Home-Office, können die Prozessdurchläufe mit Unterstützung digitaler Tools durchgeführt werden.

Prozessschritt

Ein Prozessschritt ist eine Aktivität im Prozess, die wiederum mehrere Einzelaufgaben umfassen kann.

Prozessstation

Eine Prozessstation ist ein Bündel von Aufgaben, die jeweils ein Inputgeber bearbeitet und zu denen er auskunftsfähig ist. Eine Prozessstation kann mehrere Prozessschritte umfassen oder auch nur einen einzelnen Prozessschritt.

Prozessvarianten

Prozesse können für unterschiedliche Anwendungsfälle verschiedene Varianten aufweisen. So verläuft beispielsweise der Produktentwicklungsprozess für eine Innovation, die auf bestehende Technologien aufsetzt, anders als für eine Innovation auf Basis neuer Technologien.

Soll-Prozess

Der Soll-Prozess beschreibt, wie der Prozessablauf gestaltet sein sollte, damit der angestrebte Output möglichst effizient erreicht werden kann. Es handelt sich hierbei um einen neu entwickelten oder gegenüber dem vorherrschenden Ist-Prozess verbesserten Prozess, der als Ergebnis einer Prozessoptimierung eingeführt werden soll. Der Soll-Prozess beschreibt somit einen Zielzustand beziehungsweise -ablauf.

01

Einleitung

Agile Prozessoptimierung ist die richtige Methode für Sie, wenn …

- **Sie an den aktuellen Abläufen schier verzweifeln könnten.**

Sie kennen dieses Gefühl nur zu gut. Sie sollen agiler arbeiten, jedoch …

- sind Sie gezwungen, Aufgaben zu bearbeiten, die beim besten Willen keinen erkennbaren Nutzen stiften,
- liefern Ihre Kollegen Ihnen Dinge zu, die Sie zu ständigen Rückfragen zwingen,
- könnte alles viel einfacher gehen, wenn über die Abteilungsgrenzen hinweg jeder am Prozess Beteiligte genau wüsste, was warum zu tun ist,
- würde alles viel schneller gehen, wenn nicht eine Abstimmungsschleife die nächste jagen würde.

- **Erkennbar schlechte Prozesse einfach immer weiter ausgeführt werden.**

Sie treffen immer wieder auf die gleichen Hürden…

- abgestimmte Arbeitsweisen werden nicht eingehalten, man könnte meinen, jeder macht, was er will,
- jede Abteilung optimiert nur die eigenen Abläufe,
- die „vorne" wissen nicht, was die „hinten" brauchen – und die „hinten" haben keine Ahnung von den Problemen „vorne",
- Verbesserungsvorschläge erschöpfen sich darin, Aufgaben an andere verlagern zu wollen,
- niemand kümmert sich darum, dass die Dinge vernünftig ineinandergreifen,
- Fehler im bestehenden Ablauf hindern Sie daran, Ihre Aufgaben zu bearbeiten und es werden keine bereichsübergreifenden Bemühungen unternommen, diese Mankos zu beheben.

- **Sie die Prozesse „nebenbei" optimieren sollen.**

Sie sind konfrontiert mit einer oder mehreren der fsolgenden Herausforderungen …

- Sie möchten oder sollen Ihre Arbeit agil gestalten,
- Sie möchten die Prozesse bereichsübergreifend optimieren,
- Sie möchten einen Rund-um-Blick auf mögliche Verbesserungsansätze werfen, haben aber weder Zeit noch Ressourcen für umfassende Analysen,
- Sie möchten schnell in die Lösungsentwicklung einsteigen und eine aufwändige Dokumentation der Ist-Prozesse vermeiden,
- Sie möchten die am Prozess beteiligten Kollegen einbinden und praktikable Lösungsansätze erarbeiten,
- Sie wissen jetzt schon: Die Umsetzung neuer Prozesse wird ohne Fürsprecher am Beharrungsvermögen anderer scheitern.

- **Sie erleben mussten, dass Projekte zur Prozessoptimierung, zur Kostensenkung und zur Steigerung der Agilität nur scheinbar und kurzfristig Verbesserungen mit sich brachten, letztlich aber nur Zeit und Ressourcen verschwendet haben.**

Warum tun sich Unternehmen mitunter schwer, ihre Prozesse schnell, effektiv und nachhaltig zu verbessern? Ganz einfach: Auf dem Weg zur Verbesserung der Abläufe im Unternehmen steht die eine oder andere Hürde …

Tunnelblick:
Viele Mitarbeitende denken nicht in Prozessen als Abfolge zusammenhängender Aufgaben, sondern sehen nur ihren kleinen Part. Was durch eine → Silodenke noch verstärkt wird.

Silodenke:
Prozesse ziehen sich durch die gesamte Organisation, treffen aber in den verschiedenen Abteilungen auf eigene Standpunkte sowie Eigeninteressen und werden an verschiedenen Stellen ganz anders behandelt. Vor allem, wenn sie unterschiedliche → Wohlfühlräume durchlaufen.

Wohlfühlräume:
Die Mitarbeitenden haben ganz unterschiedliche Erwartungen an den Grad der Strukturierung und Standardisierung von Abläufen – vom Wunsch nach völliger kreativer Freiheit bis hin zum Ruf nach vollständiger Regelung aller Details. Ein → Verzettelungsrisiko ist somit nicht zu leugnen.

Verzettelungsrisiko:
Es besteht die Gefahr, sich im theoretischen „Klein-Klein" zu verlieren und die wichtigen Praxisprobleme zu übersehen. Dann werden Prozesse einmalig und mit viel Aufwand definiert und man landet in der → Dokumentationsfalle.

Dokumentationsfalle:
Die Dokumentation von Ist- und Soll-Prozessen kann gleichzeitig komplex und abstrakt werden. Man muss also einen geeigneten Detaillierungsgrad treffen. Was angesichts unterschiedlicher → Wohlfühlräume fast unmöglich ist und die Stärke des → Gewohnheitsmagneten steigern kann.

Gewohnheitsmagnet:
Neue Prozesse erfordern das Loslassen bislang „bewährter" und mitunter stark verankerter Routinen. Die Betroffenen müssen das Alte verlernen und das Neue erlernen. Aber: „Old habits die hard". Klar, dass die Betroffenen sich gute Gründe hierfür wünschen und Veränderungsenergie aufgebracht werden muss. Sonst werden Prozesse aufgeschrieben und landen in der → Schublade, werden aber nicht gelebt.

Schublade:
Auch sorgsam definierte Prozesse werden, wenn es schlecht läuft, gar nicht oder nur für einen kurzen Zeitraum genutzt, denn es wird oft lieber das Bestehende verteidigt, als sinnvolle Veränderungen angestrebt.

Und wie überwinde ich diese und weitere Hürden mit Agiler Prozessoptimierung?

Agil – was ist das bitte genau?

Agile Ansätze wollen die bestmögliche Zusammenarbeit in Zeiten der kontinuierlichen Veränderung ermöglichen. Sie fördern eine positive Haltung zu ständiger Veränderung und befähigen Teams zu einem guten Umgang mit dem Wandel. Zu diesem Zweck nutzen sie Erkenntnisse, wie Arbeit gestaltet sein muss, damit sie als befriedigend und sinnstiftend empfunden wird. Agile Ansätze setzen zum Beispiel auf eine konsequente und am Kundennutzen orientierte Priorisierung. So wird Stress durch zu viele gleichzeitige Aufgaben vermieden sowie zügige und fehlerarme Arbeit gefördert. Agile Ansätze zielen so auf eine dauerhaft gute Zusammenarbeit auf hohem Leistungsniveau ab.

Agilität ist kein in sich geschlossener Managementansatz, sondern eine organisch gewachsene Sammlung von handlungsleitenden Prinzipien sowie Methoden und Praktiken, die ein Handeln entsprechend den Prinzipien sicherstellen beziehungsweise fördern sollen.

Wie arbeiten agile Teams?

Agile Teams arbeiten auf Basis einer greifbaren Produktvision, einer guten Kenntnis des Kontexts und größtmöglicher Transparenz. Hierfür platzieren sie alle Aufgaben und deren Status auf physischen oder digitalen Boards, sodass jeder jederzeit sehen kann, was ansteht und wer woran arbeitet. Sie tauschen sich täglich in kurzen Stehmeetings aus. So können die Teammitglieder viele Entscheidungen selbst fällen und jeder kann sein Handeln am gemeinsamen Ziel ausrichten. Agile Teams planen und priorisieren konsequent – aber nur für kurze Zeiträume. So können sie geschwind loslaufen, fokussiert arbeiten, schnell neue Erkenntnisse gewinnen und in ihrem weiteren Handeln berücksichtigen. Sie streben nicht nach 100%-Lösungen, sondern machen den nächsten plausiblen Schritt.

Agile Teams meiden Verschwendung. So werden einmal erkannte Hindernisse so schnell wie möglich aus dem Weg geräumt. Und mit Hilfe von „Timeboxes" werden Meetings effizient gestaltet. Einfach, indem das Meeting nach Ablauf der Timebox konsequent beendet wird und sich alle Teilnehmer nach und nach an den verfügbaren Zeitrahmen gewöhnen und so mehr in kürzerer Zeit schaffen.

Agile Teams verorten sich beständig. Sie vereinbaren mit vorgelagerten Teams in der Wertschöpfungskette, welche Anforderungen ein Input erfüllen muss („Definition of Ready"). Und mit den nachgelagerten Stellen, welche Anforderungen ihre Leistung für eine Übergabe erfüllen muss („Definition of Done"). Sie vergewissern sich in Reviews mit ihren Stakeholdern, dass sie die richtigen Dinge richtig tun. Sie führen Retrospektiven durch und optimieren ihr eigenes Vorgehen, indem sie sich fragen: **Wie** arbeiten wir? Welche Probleme treten auf? Welche Ursachen haben diese Probleme und wie können wir sie beheben?

Und sie setzen, wo immer aus ihrer eigenen Erfahrung heraus sinnvoll, andere als die oben genannten oder weitere agile Praktiken ein. Für die fortlaufende Anpassung an sich ändernde Rahmenbedingungen, zur Gewährleistung möglichst effektiver und fehlerfreier Arbeitsflüsse, für transparente und möglichst dialogische, problemlösungsorientierte Kommunikation.

Wie agieren agile Organisationen?

In agilen Organisationen entscheidet der Kompetenteste, nicht zwangsläufig der besser bezahlte Mitarbeiter. Agile Organisationen legen großen Wert auf funktionierende Entscheidungsprozesse und stellen entscheidungsfähige Teams auf. In aller Regel sind dies funktionsübergreifende Teams, um alle Kompetenzen für informierte Entscheidungen im Team zu vereinen. So können die Teams im hohen Maß selbstorganisiert arbeiten und entweder das „Was" („Was machen wir?") und/oder das „Wie" („Wie machen wir es?") ihrer Arbeit bestimmen.

Agile Organisationen denken in Rollen, nicht in Stellen. Die Mitarbeitenden können verschiedene Rollen einnehmen – zum Beispiel eine Haupt- und auch Nebenrollen. Diese Rollen können flexibel wechseln, wobei jede Rolle klar definiert ist. So kennen alle Mitarbeitenden ihre Verantwortlichkeiten, ihre Rechte und ihre Pflichten. Und jeder weiß – oder besser noch spürt –, was gefordert ist, was zu tun und was zu lassen ist.

Wichtig ist agilen Organisationen, dass die Mitarbeitenden ihre Verantwortlichkeiten akzeptieren – und diese nicht lediglich zugewiesen wurden.

Auch gestalten sie die Arbeitsräume nicht entlang von Abteilungen, sondern entlang den Kommunikationserfordernissen. Sie bedienen sich gern des Konzepts der Co-Location, indem Mitarbeitende aus verschiedenen Organisationseinheiten einen Raum teilen.

So hat Führung in agilen andere Schwerpunkte als in klassisch hierarchischen Organisationen. Führungskräfte agieren in agilen Organisationen nicht nach dem Motto „Command and Control". Sie bieten den Teams und den einzelnen Mitarbeitenden größtmöglichen Entscheidungsspielraum und fokussieren auf strategische Aufgaben sowie die Entwicklung der Organisationseinheit und des einzelnen Menschen. Sie schaffen ein leistungs- und wachstumsförderliches Umfeld – was hohe Veränderungsbereitschaft umfassen muss.

Zur Förderung der Veränderungsbereitschaft ist die fortlaufende Anpassung von Strukturen und Prozessen selbstverständlich. Eigene, regelmäßig und ad hoc durchgeführte Formate ermöglichen und fördern dies (Sie brauchen auch Unterstützung bei der Optimierung der Organisationsstrukturen? Vielleicht ist „Orgazign – Organisationen lebenswert gestalten" die richtige Methode für Sie und Ihr Team?[1])

Wie können wir das auf die Prozessoptimierung übertragen?

Die Agile Prozessoptimierung ist im doppelten Sinne agil. Zum einen ist der Prozess der Optimierung nach agilen Prinzipien gestaltet (eine Übersicht über agile Prinzipien finden Sie in der Abbildung „Agile Prinzipien"). Die folgenden agilen Prinzipien sind hierbei besonders wichtig:

Befähigte Teams („Wir bilden funktionsübergreifende, entscheidungsfähige Teams zur Betrachtung des Ganzen"): Die agile Prozessoptimierung wird von funktions- und hierarchieübergreifenden Teams durchgeführt, deren Mitglieder den gesamten Prozess repräsentieren.

Dialogische Kommunikation („Wir schaffen größtmögliche Transparenz und kommunizieren direkt im Dialog"): Die agile Prozessoptimierung setzt auf die direkte Interaktion im Team und mit weiteren Inputgebern und die Schaffung von Transparenz über den gesamten Prozess, „End-to-End".

Fokussierung („Wir streben nach Leistung und Qualität durch [...] Fokussierung"): In der agilen Prozessoptimierung werden im Team Rollen vergeben, sodass sich jedes Teammitglied auf bestimmte Aspekte fokussieren kann.

Zum anderen wird im Rahmen der Agilen Prozessoptimierung systematisch geprüft, wo und wie agile Praktiken den Prozess weiter verbessern können. Und wer will, kann agiles Projektmanagement zur Umsetzung der Maßnahmen einsetzen.

[1] Olavarria, Marco: Orgazign – Organisationen lebenswert gestalten. Düsseldorf, 2018

Agile Prinzipien

	Adaption	Arbeitsfluss	Kommunikation	Organisation	Entwicklung
Agile Prinzipien	„Wir passen unsere Planung und Vorgehensweise fortlaufend an äußere Einflüsse und eigene Erkentnisse an.“	„Wir schaffen aktiv die besten Rahmenbedingungen für wertschöpfende Prozesse.“	„Wir schaffen größtmögliche Transparenz und kommunizieren direkt und im Dialog.“	„Wir arbeiten in selbstorganisierten Teams und entscheiden nach Kompetenz.“	„Wir fördern die Eigenmotivation aller Beteiligten und deren fachliche und menschliche Weiterentwicklung.“
Beispiele	„Wir streben nach kontinuierlicher Verbesserung.“	„Wir priorisieren konsequent entlang des Kundennutzens.“	„Wir schaffen Transparenz durch ständige Vermittlung des Kontexts und der Ziele.“	„Wir bilden funktionsübergreifende, entscheidungsfähige Teams zur Betrachtung des Ganzen.“	„Wir streben nach beständigem Lernen.“
	„Wir reflektieren unser eigenes Vorgehen und Verhalten regelmäßig.“	„Wir streben nach Leistung und Qualität durch Fokussierung.“	„Wir schaffen Transparenz durch die Sichtbarmachung von Aufgaben.“	„Wir bilden bevollmächtigte Teams, die entscheiden, wer was wann wie durchführt.“	„Wir gestalten Prozesse so, dass wir mit dem Kunden lernen.“
	„Wir gehen iterativ, Schritt für Schritt vor.“	„Wir eliminieren Verschwendung und sorgen für einen stetigen Arbeitsfluss für nachhaltig hohe Leistung.“	„Wir überwinden Hindernisse aktiv schnellstmöglich durch direkte Kommunikation zwischen den Beteiligten.“	„Wir arbeiten auf Basis einer akzeptierten, nicht einer zugewiesenen Verantwortung.“	„Wir schaffen die Rahmenbedingungen für starke Eigenmotivation aller Mitarbeitenden.“

2

Die Methode

In sechs Schritten zu optimierten und agilen Prozessen

Mit der Agilen Prozessoptimierung verbessern Sie Ihre Prozesse schnell und wirkungsvoll – im Team, praxisnah und agil. Denn in der Agilen Prozessoptimierung sind praktikable Lösungsansätze wichtiger als umfangreiche Analysen und ein abgestimmtes Umsetzungsvorgehen wichtiger als eine aufwändige Dokumentation der Ist-Prozesse.

1 | Ziele, Umfang und Beteiligte festlegen

Sie haben gravierende Probleme und Hindernisse bei der Durchführung der Prozesse identifiziert und möchten diese mit Hilfe der Agilen Prozessoptimierung angehen? Sie wollen oder müssen zu hohe Prozesskosten nachhaltig senken? Oder Sie wollen die Agilität Ihrer Abläufe steigern? Dann ist die Definition der Ziele der Prozessoptimierung der Startpunkt. Diese können vielfältig sein – von der Senkung der Fehlerquote über die Steigerung der Effizienz bis hin zur Optimierung der Kommunikation entlang des Prozesses. Häufig müssen diese bereichsübergreifend abgestimmt werden. Denn die Erfahrung zeigt, dass die Optimierung in einem Silo nicht zu einem Gesamtoptimum führt. Große Fortschritte erfordern zumeist eine bereichsübergreifende Betrachtung.

Überlegen Sie daher gleich zu Beginn, welchen Umfang die Prozessoptimierung umfassen sollte:

- Welchen Prozess/welche Prozesse möchten wir optimieren?
- Welche Anwendungsfälle und Prozessvarianten betrachten wir?
- Betrachten wir diese in Gänze oder in Ausschnitten?

Auf dieser Basis können Sie sodann festlegen, welche Bereiche Sie in das Vorhaben einbinden. Wichtig für eine Agile Prozessoptimierung ist die Zusammenstellung eines funktionsübergreifenden Teams, das entlang des gesamten betrachteten Prozesses sachkundig ist.

2 | Feinplanung durchführen, Team trainieren und Rollen klären

Sie sollten davon ausgehen, dass nicht alle Teammitglieder in Prozessen denken. Daher ist das Training der Beteiligten ein wichtiger Bestandteil der Methode. Im Training werden den Beteiligten die Methode und wichtige Grundlagen zur Prozessoptimierung vermittelt. Bei Bedarf können auch Grundsätze agilen Denkens und Handelns vermittelt werden. Indem zudem klare Rollen zugewiesen werden, kann sich jeder Einzelne auf bestimmte Aspekte fokussieren.

Im Rahmen einer Feinplanung werden sodann wichtige inhaltliche und organisatorische Fragen geklärt. Das Team ist somit gut vorbereitet und kann die weiteren Schritte erfolgreich durchführen.

3 | Prozessdurchläufe durchführen

Wo immer möglich werden in der Agilen Prozessoptimierung die tatsächlichen Abläufe vor Ort betrachtet. So werden deutlich mehr Eindrücke aufgenommen als bei einer Betrachtung „am grünen Tisch" – also zum Beispiel im Rahmen von Workshops. Dies nennen wir Prozessdurchlauf, auch wenn mitunter von dieser Regel abgewichen werden muss, zum Beispiel bei standortübergreifenden Prozessen oder Prozessen mit einem sehr hohen Anteil an dezentralen Tätigkeiten, zum Beispiel im Home-Office. In diesen Fällen kann die Agile Prozessoptimierung mit Hilfe digitaler Tools durchgeführt werden.

Die Prozesse werden möglichst End-to-End, also von Anfang bis Ende, durchlaufen. So erkennt das Team wichtige Zusammenhänge und Optimierungsansätze, die den Beteiligten so nicht bekannt waren. Denn Fehlerquellen liegen mitunter in vorgelagerten Bereichen, die Auswirkungen hieraus sind jedoch unklar oder werden ignoriert. Mittels End-to-End-Betrachtung entsteht ein gemeinsames Bild und ein gemeinsames Verständnis aller Beteiligten – eine wichtige Voraussetzung für die Akzeptanz der notwendigen Veränderungen.

4 | Prozessdurchläufe dokumentieren

Das Team dokumentiert die Prozessdurchläufe möglichst pragmatisch und ausgerichtet auf die Ziele und Verbesserungsansätze. So laufen die Erkenntnisse aller Beteiligter aus dem Prozessdurchlauf zusammen: Welche Probleme, Fehler, Hindernisse haben wir beobachtet? Welche Konsequenzen hat dies? Spätestens jetzt werden die neuralgischen Punkte transparent.

5 | Optimierte Prozesse entwickeln

Nun entwickelt das Team Verbesserungsansätze. Zunächst werden konkrete Optimierungsansätze zur Behebung der Probleme, Fehler und Hindernisse entwickelt. So entsteht das Konzept für einen optimierten Soll-Prozess. Sodann wird geprüft, welche agilen Praktiken den Soll-Prozess weiter verbessern können. So wird vermieden, dass ein schlechter Prozess agilisiert wird. Denn wer einen miserablen Prozess mit agilen Praktiken versieht, erhält im schlimmen Fall einen miserablen agilen Prozess.

Weiterhin wird sichergestellt, dass eine umfassende Betrachtung des agilen Baukastens erfolgt. So werden an der richtigen Stelle im Prozess geeignete agile Methoden und Praktiken angewendet.

Indem die Teammitglieder ihre unterschiedlichen Perspektiven einbringen, werden gemeinsam mit den Prozessbeteiligten die künftigen Arbeitsweisen gestaltet. So werden praktikable Lösungen entwickelt und die Arbeitsabläufe bereichsübergreifend effizienter. Gleichzeitig gewinnen Sie Fürsprecher für die neu entwickelten Lösungen.

6 | Maßnahmen zur Umsetzung planen und durchführen

Für die entwickelten Lösungsansätze erarbeitet das Team gemeinsam die zur Umsetzung notwendigen Voraussetzungen und Maßnahmen. Diese werden gegebenenfalls um Key Performance Indikatoren zur Messung des Fortschritts ergänzt und das Vorgehen für die Umsetzung wird festgelegt. So entsteht ein Gesamtkonzept für die sich anschließende Realisierung der Prozessoptimierung.

Selbstverständlich werden Sie in der Umsetzungsphase auf Widerstände stoßen. Das Leben veränderter oder gar neuer Prozesse und Prozessschritte erfordert die Veränderung von Gewohnheiten. Entsprechend ist ein Veränderungsmanagement erforderlich. Hierbei spielt das Team der Optimierer eine wichtige Rolle: Die Teammitglieder können das Konzept am besten vermitteln und vertreten. Sie sind am Prozess beteiligte Kollegen, kennen das Konzept und wissen, warum welche Kompromisse gemacht wurden. Dies sollten Sie bereits bei der Besetzung des Teams berücksichtigen.

Als Ergebnis erhalten Sie: hoch funktionale und gegebenenfalls kostenseitig optimierte neue Abläufe, unterstützt durch agile Praktiken und gefördert durch Promotoren aus dem Kreis der Kollegen.

2.1 Ziele, Umfang und Beteiligte festlegen

2.1.1 Welche Ziele verfolgt die Prozessoptimierung?

1 — — **Ziele Ihrer Agilen Prozessoptimierung festlegen**
Umfang der Agilen Prozessoptimierung bestimmen
Beteiligte an der Agilen Prozessoptimierung auswählen

2 Das Team für die Agile Prozessoptimierung einbinden und die Feinplanung durchführen
Das Team trainieren
Die Rollen im Team klären
Die Erhebung von Mengengerüsten und Zeiten planen
Das Team bei der Durchführung der Prozessdurchläufe unterstützen

3 Prozessdurchläufe durchführen

4 Prozessdurchläufe dokumentieren

5 Optimierte Prozesse entwickeln

6 Maßnahmen zur Umsetzung planen und durchführen

Unabhängig vom konkreten Anlass, eine Prozessoptimierung zu starten, steht die **Zielformulierung** am Anfang. Diese gibt den Beteiligten Klarheit darüber, warum und mit welchen Zielen die bestehenden Abläufe hinterfragt und optimiert werden sollen. Die Zielformulierung sollte zwei Fragen beantworten:

1. Warum: Aus welchem Anlass wird die Prozessoptimierung durchgeführt?
2. Was: Welche Ziele verfolgen wir mit der Prozessoptimierung, welche konkreten Ergebnisse wollen wir erreichen?

Diese Fragen können Sie mit Hilfe der Zielkarte (siehe Abbildung) bearbeiten und Ihre Ziele kompakt und übersichtlich dokumentieren. Das schafft Transparenz und ermöglicht es den Beteiligten, das eigene Handeln an den Zielen auszurichten.

Auf der Zielkarte formulieren Sie die Anlässe für den Start der Agilen Prozessoptimierung und beantworten so die Frage nach dem Warum. Die Zielkarte unterstützt Sie weiterhin, indem verschiedene Zielarten betrachtet werden.

Strategische Ziele:
Hier geht es um Ziele, die sich aus der Unternehmens- oder aus Bereichs-/Funktionsstrategien ableiten. Ihre Unternehmensstrategie sieht zum Beispiel vor, die Innovationsquote deutlich zu erhöhen? Dann könnte ein Ziel sein, den Produktentwicklungsprozess zu optimieren im Hinblick auf Time to Market.

Funktionale Ziele:
Funktionale Ziele beziehen sich auf die Steigerung der Qualität des Prozesses selbst. Sie haben festgestellt, dass die Durchlaufzeiten gestiegen sind? Dann könnte ein funktionales Ziel sein: „Wir reduzieren die Durchlaufzeiten des Prozesses innerhalb von zwölf Monaten um 25 Prozent."

Kulturelle Ziele:
Die Gestaltung von Prozessen allein wird Ihre Unternehmenskultur nicht tiefgreifend verändern. Aber sie kann entsprechende Ziele zumindest unterstützen. Sie wünschen sich zum Beispiel, dass Mitarbeiter ihre Ideen zu Produktinnovationen viel stärker einbringen? Dann könnte ein kulturelles Ziel lauten: „Wir verdoppeln die Anzahl der von den Mitarbeitern eingebrachten Ideen in unseren Produktentwicklungsprozess innerhalb von 24 Monaten. Dies erreichen wir, indem wir Hemmschwellen abbauen."

Wirtschaftliche Ziele:
Diese beziehen sich auf Kosten- und Erlösziele, zum Beispiel könnten die Reduktion der Prozesskosten und die Identifikation weiterer Kostensenkungspotenziale wichtige Ziele sein.

Diese Kategorien sollen Sie dabei unterstützen, alle relevanten Aspekte zu bedenken. Sie müssen nicht alle Kategorien bestücken. Und es ist nicht entscheidend, dass alle Ziele akademisch korrekt den einzelnen Zielarten zugeordnet sind. Investieren Sie Ihre Zeit lieber in eine möglichst präzise Formulierung der Ziele.

Weiterhin können Sie in der Zielkarte auch erste Thesen zu Verbesserungsansätzen darstellen.

In der Regel erarbeitet der Initiator der Prozessoptimierung beziehungsweise der Projektsponsor/-auftraggeber die Zielkarte. Alternativ kann dies auch zu einem späteren Zeitpunkt gemeinsam mit dem Projektteam erfolgen. Bevor Sie das Projektteam auswählen, legen Sie im nächsten Schritt den Umfang der Prozessoptimierung fest.

Zielkarte – zur kompakten Formulierung der Ziele

Zielkarte

Projektname	Erstellt durch	Datum
Produktentwicklung 2020	Fr. Müller	17. Februar 2020

Schritt 1: Anlässe

Wir starten einen Prozessdurchlauf, weil wir festgestellt haben, dass:

- Wir unsere Produkte entlang unserer eigenen Einschätzungen und Bewertungen entwickeln – und nicht entlang der tatsächlichen Bedürfnisse unserer Nutzer
- Wir unsere Produkte schneller an den Markt bringen wollen
- Unsere Entscheidungswege und unser Entscheidungsverhalten verbessert werden kann und muss
- Wir eine insgesamt agilere Arbeitsweise anstreben: kontinuierliche Verbesserung, regelmäßige Reflektion, konsequente Priorisierung und aktives Hindernismanagement sind hierbei wichtige Aspekte

Schritt 2: Ziele

Mit dem Prozessdurchlauf möchten wir folgende Ziele erreichen:

Strategische Ziele

- Bewältigung des geplanten Wachstums
- Verkürzung unserer Time to Market
- Steigerung der Wettbewerbsfähigkeit durch schnelles Agieren bei Marktänderungen

Funktionale Ziele

- Kürzere Produktentwicklungszyklen
- Klare Zuständigkeiten

Kulturelle Ziele

- Schnellere Entscheidungsfindung
- Effektive und effiziente Kommunikation

Wirtschaftliche Ziele

- Effektiverer Ressourceneinsatz
- Up-Selling an Bestandskunden
- Gewinnung von Neukunden

Schritt 3: Thesen

Wir glauben, dass wir Folgendes verbessern müssen, um unsere Ziele zu erreichen:

- Konsequente Einbeziehung unserer Kunden/Interessenten in die Produktentwicklung
- Prüfen, wo wir Zeit durch unnötiges Warten auf 100%-Lösungen verstreichen lassen
- Entscheidungsprozesse verbessern
- Einsatz geeigneter agiler Praktiken und Methoden

Zusammenfassung: Vorgehen Festlegung der Ziele

Prozessoptimierung wird initiiert →

1. Anlass der Prozessoptimierung formulieren	Beantworten Sie zunächst die Frage nach dem WARUM bzw. dem Anlass der Prozessoptimierung
2. Angestrebte Ziele und Ergebnisse ableiten	Leiten Sie die Ziele und konkreten Ergebnisse ab, die Sie mit der Prozessoptimierung erreichen wollen. Die Ableitung der Ziele kann durch den Initiator der Prozessoptimierung, gemeinsam mit dem oder durch das Projektteam erfolgen. Beachten Sie hierbei die verschiedenen Zielarten, um alle relevanten Aspekte zu bedenken:
2a. Strategische Ziele prüfen	a. Prüfen Sie, welche für Ihre Prozessoptimierung relevanten strategischen Ziele sich aus der Unternehmens- oder aus Bereichs-/Funktionsstrategien ableiten
2b. Funktionale Ziele prüfen	b. Prüfen Sie, welche funktionalen Ziele zur Steigerung der Qualität des Prozesses erreicht werden sollen
2c. Kulturelle Ziele prüfen	c. Prüfen Sie, welche kulturellen Ziele Ihnen zur Entwicklung Ihrer Unternehmenskultur bei der Prozessoptimierung wichtig sind
2d. Wirtschaftliche Ziele prüfen	d. Prüfen Sie, welche wirtschaftlichen Ziele in Bezug auf Kosten und Erlöse mit der Prozessoptimierung erreicht werden sollen
3. Ziele transparent dokumentieren	Dokumentieren Sie die angestrebten Ziele (zum Beispiel mit Hilfe der Zielkarte), um so für alle Beteiligten Transparenz zu schaffen; achten Sie dabei auf eine möglichst präzise Formulierung der Ziele
4. Thesen zu Verbesserungsansätzen ableiten	Leiten Sie gegebenenfalls erste Thesen zu Verbesserungsansätzen ab und dokumentieren Sie diese ebenfalls

Legen Sie als Nächstes den Umfang der Prozessoptimierung fest

2.1.2 In welchem Umfang soll die Prozessoptimierung erfolgen?

1
- Ziele Ihrer Agilen Prozessoptimierung festlegen
- **Umfang der Agilen Prozessoptimierung bestimmen**
- Beteiligte an der Agilen Prozessoptimierung auswählen

2
- Das Team für die Agile Prozessoptimierung einbinden und die Feinplanung durchführen
- Das Team trainieren
- Die Rollen im Team klären
- Die Erhebung von Mengengerüsten und Zeiten planen
- Das Team bei der Durchführung der Prozessdurchläufe unterstützen

3
- Prozessdurchläufe durchführen

4
- Prozessdurchläufe dokumentieren

5
- Optimierte Prozesse entwickeln

6
- Maßnahmen zur Umsetzung planen und durchführen

APQC Process Classification Framework®

Die Ziele der Prozessoptimierung sind abgestimmt, klar und dokumentiert. Als Nächstes legen Sie den **Umfang** der Prozessoptimierung fest. Wie in der Einführung zur Methode dargelegt, sind hierzu die folgenden Fragen zu beantworten:

- Welchen Prozess/welche Prozesse möchten wir optimieren?
- Welche Anwendungsfälle und Prozessvarianten betrachten wir?
- Betrachten wir diese in Gänze (präferiert, siehe Ausführungen oben zum End-to-End-Ansatz) oder in Ausschnitten?

Zur Auswahl der relevanten **Prozesse** beachten Sie die in der Zielkarte festgehaltenen Anlässe und Ziele der Agilen Prozessoptimierung. Sie sollten auch die Prozesse in Ihre Betrachtung miteinschließen, die Sie an der Zielerreichung hindern könnten. Greifen Sie hierzu auf bestehende Prozessdokumentationen zurück. Bei Bedarf können Sie das „APQC Process Classification Framework®" heranziehen. Dies ist eine generische Übersicht über bereichsübergreifende Prozesse, entwickelt von APQC® (American Productivity & Quality Center, siehe Abbildung; Abbildung in Anlehnung an das APQC Process Classification Framework®, Version 7.2.1, 27. Juni 2018[2]).

Hilfreich kann zudem gegebenenfalls die Unterscheidung der grundlegenden **Prozessarten** sein:

[2] https://www.apqc.org/process-performance-management/process-frameworks.

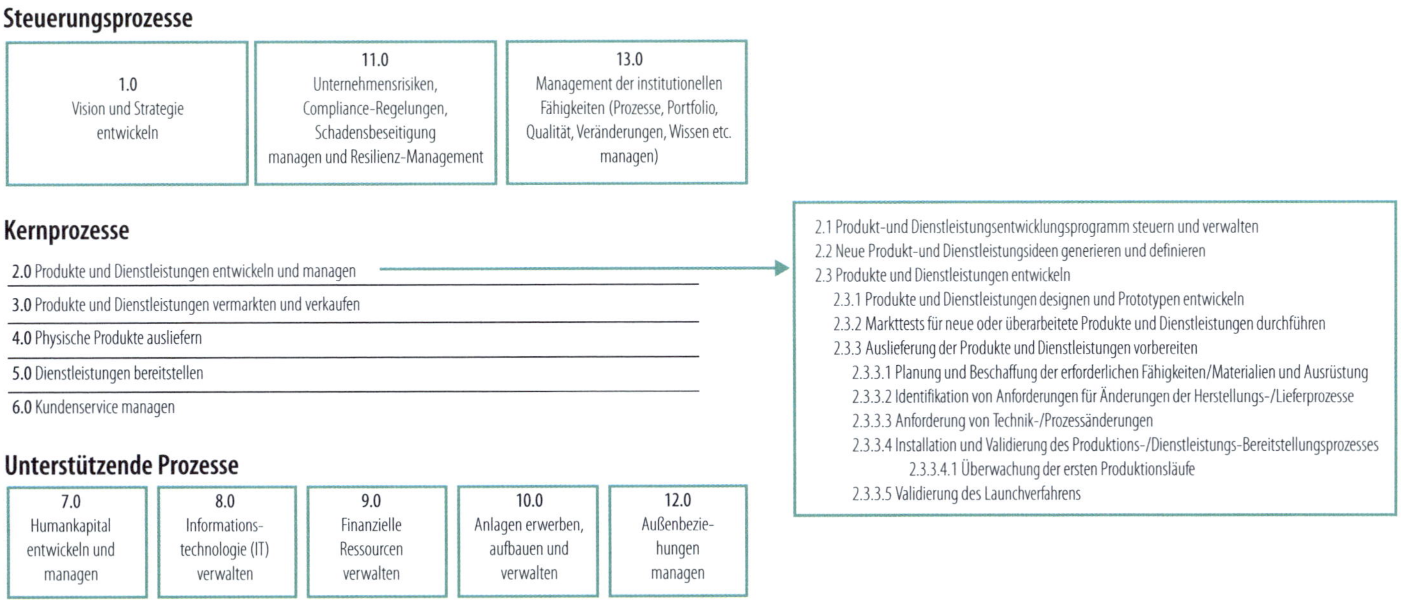

- Kernprozesse: Prozesse, die direkt für den Kunden relevante Wertschöpfung erbringen. Dies sind zum Beispiel die Produktionsprozesse.
- Unterstützende Prozesse: Diese Prozesse erzeugen keinen direkten Kundennutzen, ermöglichen und unterstützen aber die Kern- und/oder Steuerungsprozesse. Dies sind zum Beispiel Buchhaltungs- und Controllingprozesse.
- Steuerungsprozesse: Diese steuern die weiteren Prozessarten; auch als Managementprozess bezeichnet.

Beachten Sie bei der Festlegung des Umfangs auch, dass Prozesse für unterschiedliche **Anwendungsfälle** verschiedene Varianten aufweisen können. So läuft der Vermarktungsprozess für eine Produktlinie, die über den Handel vertrieben wird, anders als für eine Produktlinie, die direkt vermarktet wird. Und der Produktentwicklungsprozess für eine Innovation, die auf bestehenden Technologien aufsetzt, verläuft anders als für eine Innovation auf Basis neuer Technologien (siehe Abbildung).

Hinweis

Sie sollten den Umfang Ihres Vorhabens mindestens so weit eingrenzen, dass Sie ein für die Bearbeitung der weiteren Schritte geeignetes Team bestimmen können. Die nachfolgend beschriebenen Arbeitsschritte können Sie daher ansatzweise oder en détail bearbeiten. Je nachdem, welche Mitwirkung des Teams Sie wünschen und welche Entscheidungen und Spielräume Sie dem Team einräumen möchten.

Unsere Erfahrung ist, dass die Teams durchgängig wertvolle Hinweise zur Festlegung des Umfangs geben. Wir empfehlen daher, mindestens eine Überprüfung des Umfangs durch das Team vorzusehen und durchzuführen!

Festlegung des Umfangs der Prozessoptimierung

Für jeden Prozess definieren Sie zudem den zu betrachtenden Analysebereich bzw. die betroffenen **Prozessschritte**. Der Start- und der Endpunkt sollten klar definiert sein. Sie grenzen damit den Umfang der zu analysierenden Prozesse weiter ein. So könnte beispielsweise bei der Optimierung des Produktentwicklungsprozesses lediglich die Entwicklung des Prototyps im Fokus stehen. Vorgelagerte Prozessschritte, wie die Ideengenerierung und Konzeptentwicklung, werden nicht betrachtet, da diese bereits durch ein etabliertes, gut funktionierendes Innovationsmanagement abgedeckt sind.

Prüfen Sie bei der Festlegung des Startpunkts, an welcher Stelle im Gesamtprozess Ursachen für Probleme entstehen könnten. So könnte zum Beispiel die Ursache für eine steigende Beschwerdequote der Kunden bereits in einer fehlerhaften Spezifikation von Kundenanforderungen liegen. Diese würden Sie nicht entdecken, wenn die Prozessoptimierung erst am Startpunkt „Produktion" einsetzen würde.

Bei der Festlegung des Endpunkts hilft die Berücksichtigung des Demingkreises (siehe Abbildung „Prozessmanagement nach dem Prinzip des Deming-Cycle") aus

- Plan = Planung von Aktivitäten,
- Do = Durchführung von Aktivitäten,
- Check = Prüfung der Effekte der Aktivitäten,
- Act = Durchführung von Optimierungsmaßnahmen.

Prozessmanagement nach dem Prinzip des Deming-Cycle

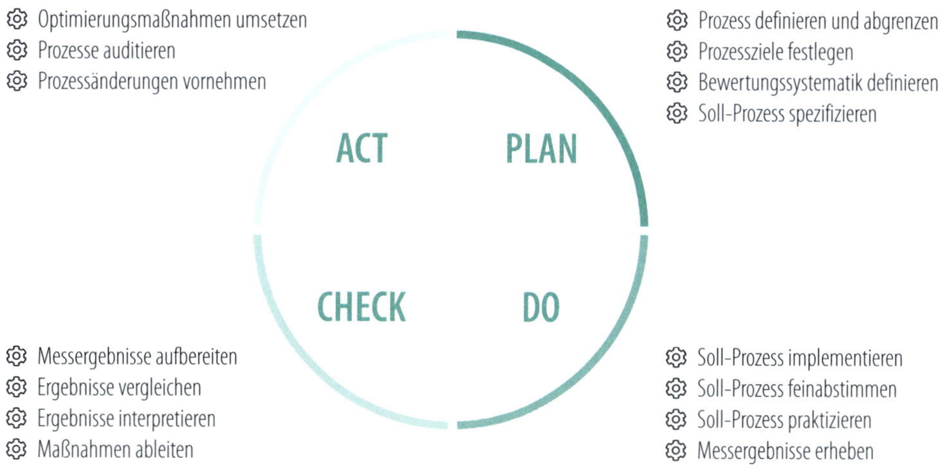

Hiernach folgt auf die Planung die Ausführung und auf die Ausführung ein Check der Ergebnisse sowie eine fortlaufende Optimierung. Sie sollten mithin sicherstellen, dass Ihre Prozesse eine Prüfung der Ergebnisse der Prozessdurchführung umfassen. Mithin wäre der sinnvolle Endpunkt einer Agilen Prozessoptimierung nicht die Auslieferung eines Produkts, sondern die Ableitung Umsetzung von Optimierungsansätzen. In dieser Festlegung des Umfangs würde die Agile Prozessoptimierung auch die Erfassung von Daten nach der Produktauslieferung wie die Erhebung der Kundenzufriedenheit und deren Auswertung zur Prüfung von Optimierungsansätzen umfassen.

Nachdem der oder die Prozesse benannt, die Anwendungsfälle und Varianten ausgewählt sowie Start- und Endpunkt festgelegt sind, werden die **Organisationseinheiten** betrachtet. Zum einen ist zu klären, welche Organisationseinheiten beim definierten Umfang unmittelbar involviert sind. Diese sind in aller Regel in die Agile Prozessoptimierung einzubinden. Zum anderen ist zu hinterfragen, ob weitere Organisationseinheiten einen wichtigen Beitrag zur

Prozessoptimierung leisten könnten. Vielleicht können Repräsentanten aus diesen Bereichen das Team unterstützen?

Die Festlegung des Umfangs ist ein iterativer Prozess: Zusammen mit dem formulierten Zielbild stellen Sie dem Projektteam später den Umfang vor und prüfen diesen mit den Fachleuten aus den verschiedenen Bereichen. Gegebenenfalls wird dieser dann nochmals angepasst, zum Beispiel erweitert oder stärker eingegrenzt (siehe Abschnitt 2.2.1 „Team einbinden und gemeinsam die Feinplanung durchführen").

Hinweis

Der Umfang könnte wie folgt definiert werden:

Prozess: Wir haben festgestellt, dass wir unsere Produktentwicklung nicht konsequent an den Kundenbedürfnissen ausrichten und neue Produkte nicht schnell genug zur Marktreife bringen. Wir wollen daher den Produktentwicklungsprozess auf Optimierungspotenziale überprüfen.

Anwendungsfälle und Varianten: Dies betrifft insbesondere die Entwicklung von Produkt-Innovationen in unseren bestehenden Märkten. In einem ersten Schritt wollen wir diesen Anwendungsfall im Rahmen eines Prozessoptimierungsprojekts prüfen.

Prozessschritte: Unsere Kernthese ist, dass wir die Produktentwicklung durch eine stärkere Einbindung unserer Kunden und Interessenten erheblich verbessern könnten. Weiteres Optimierungspotenzial sehen wir in der Verkürzung unserer Time to Market. Wir wollen daher den Produktentwicklungsprozess ab der Konzepterstellung überprüfen. Dazu betrachten wir alle Prozessschritte folgender Teilprozesse:

- Konzepterstellung
- Anforderungsspezifikation
- Prototypentwicklung
- Durchführung der Markttests
- Produktion
- Vermarktung neuer Produkte
- Review und Auswertung

Der Teilprozess „Review und Auswertung" zur Einholung von Kundenfeedback und Auswertung der Marktakzeptanz und von Umsatzzahlen ist für uns wichtig, um weiteren Input zur Optimierung der Produkte selbst und des Produktentwicklungsprozesses zu erhalten.

Startpunkt: Freigabe der Idee zur Produkt-Innovation für die Konzeptionsphase

Endpunkt: Maßnahmen zur Umsetzung von Optimierungsmaßnahmen für das neue Produkt und den Produktentwicklungsprozess sind entschieden

2.1.3 Wie erfolgt die Priorisierung der zu betrachtenden Prozesse?

Eines der wichtigsten agilen Prinzipien ist die Fokussierung auf Nutzenstiftendes. Daher sollte der Umfang nicht zu groß gewählt oder für eine sequenzielle Bearbeitung priorisiert werden. Hierbei hilft Ihnen das Pareto-Prinzip, aus der die folgende Grundthese ableitbar ist:

Etwa 20 Prozent der Prozesse verursachen circa 80 Prozent des Aufwands beziehungsweise beinhalten 80 Prozent der für die Erreichung der anvisierten Effekte relevanten Potenziale.

Identifizieren Sie diese 20 Prozent und fokussieren Sie sich bei der Optimierung zunächst hierauf, um diese in einem ersten „Sprint" zu bearbeiten. Sie heben so einen Großteil der Optimierungspotenziale zur Erreichung Ihrer Ziele mit geringstmöglichem Aufwand.

Nach der Durchführung des ersten Sprints kann das Team mit dem Projekt-Auftraggeber entscheiden, ob weitere Sprints durchgeführt werden sollen. So können Sie gegebenenfalls weitere Prozessvarianten oder Anwendungsfälle betrachten. Hierbei können mitunter bereits Erkenntnisse aus der ersten Prozessoptimierung übertragen werden.

Das Pareto-Prinzip zur Priorisierung der Prozesse

Leitfragen zur Priorisierung der Prozesse nach dem Pareto-Prinzip
Welches sind die 20% der in Frage kommenden Prozesse, ...

- die 80% der KOSTEN verursachen?
- die 80% der KAPAZITÄTEN in Ansspruchnehmen?
- die 80% der gesamten DURCHLAUFZEIT zur Erbringung des gewünschten Outputs erfordern?
- die 80% der FEHLER verursachen?
- die 80% der KUNDENBESCHWERDEN verzeichnen?
- die 80% der VERSTÖSSE gegen die Qualitätsmanagement-Richtlinien verzeichnen?
- die 80% der ERLÖSE erwirtschaften?
- die 80% der prägenden Kontaktpunkte zur KUNDENZUFRIEDENHEIT beinhalten?
- die 80% der Leistungen zur Erbringung eines erwünschten OUTCOMES bereitstellen?

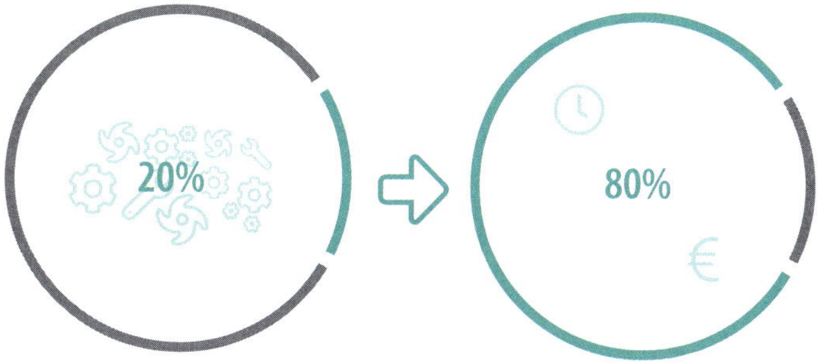

Und so können Sie bei der Priorisierung vorgehen: Prüfen Sie zunächst Ihre Zielstellung und vergegenwärtigen Sie sich, welche Effekte Sie erzielen möchten. Auf dieser Basis leiten Sie die relevanten Indikatoren ab (siehe Übersicht). Sie möchten zum Beispiel die Kosten senken? Dann können alle Aufwandsindikatoren wie direkte Kosten, Zeit und Aufwand relevant sein.

Sie möchten die Qualität verbessern? Dann kommen Qualitätsindikatoren wie Fehlerquoten, Beschwerden etc. in Betracht. Sie möchten die Resilienz des Prozesses steigern? Dann müssen Sie auf Faktoren wie die Störanfälligkeit von Prozessschritten achten. Es geht Ihnen vor allem um die Steigerung der Anpassungsfähigkeit des Prozesses? Dann sollten Sie den Blick auf wichtige agile Prinzipien richten.

Ziele der Prozessoptimierung	Art der Indikatoren zur Priorisierung	Mögliche konkrete Indikatoren zur Priorisierung
Kosten senken	Aufwandsindikatoren	– Direkte Kosten – Overheadkosten – Zeit (Bearbeitungsdauer, Liegezeiten, Rüstzeiten, Durchlaufzeiten usw.) – Aufwand/Ressourceneinsatz – Etc.
Qualität steigern	Qualitätsindikatoren	– Fehlerquoten – Nachbearbeitungsaufwand – Beschwerden – Qualitätsmerkmale aus Kundensicht (zum Beispiel entsprechend Kano-Modell: Basis-, Leistungs-, Begeisterungs- und Rückweisungsmerkmale) – Etc.
Resilienz steigern	Robustheitsindikatoren	– Ausfallrisiken – Störanfälligkeit – Wiederherstellungskomplexität – Wiederherstellungszeiten – Etc.
Agilität steigern	Indikatoren der Adaptionsfähigkeit	– (In-)Transparenz – (De-)Fokussierung – Lernpotenziale – Entscheidungsverzögerungen – Etc.

Bei der Bewertung können Sie entweder analytisch oder thesen-/erfahrungsbasiert vorgehen. Der analytische Ansatz bietet sich an, wenn Daten bereits vorliegen, zum Beispiel zu Prozesskosten, Durchlaufzeiten, Fehlern, Beschwerden und/oder Qualitätsmängeln. Liegen entsprechende Daten nicht vor und sind nur mit hohem Aufwand ermittelbar, bietet sich der thesen-/erfahrungsbasierte Ansatz an. Als agile Praktik hat sich hierbei Planning Poker bewährt (siehe Abbildung „Priorisierung der Prozesse mittels Planning Poker").

Priorisierung der Prozesse mittels Planning Poker

1

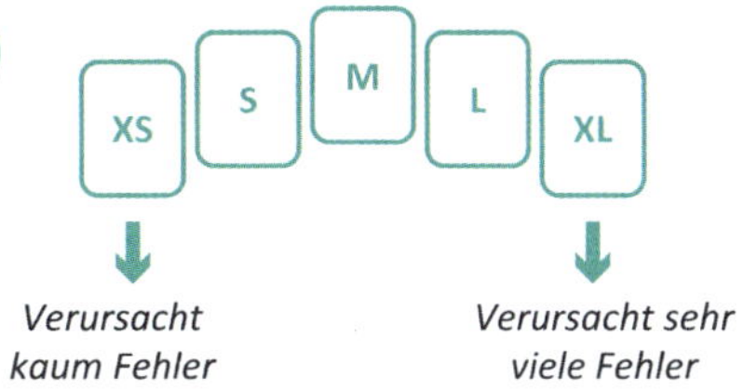

Jeder Spieler erhält ein Set an Karten, die verschiedene Ausprägungen (zum Beispiel hinsichtlich der Fehleranfälligkeit eines Prozesses) symbolisieren

2

Jeder Spieler schätzt die Fehleranfälligkeit des betrachteten Prozesses, indem er die entsprechende Karte auf den Tisch legt

3

Wenn die Schätzungen nah beieinander liegen, wird der Mittelwert gebildet und verwendet

4

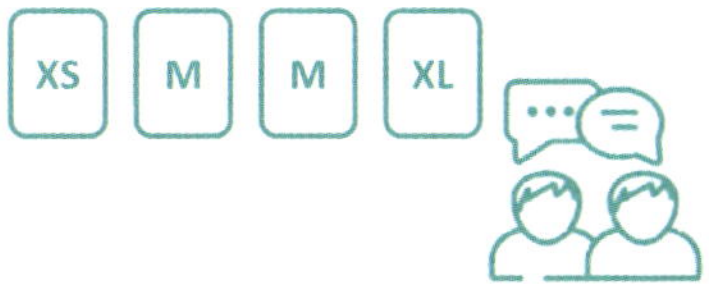

Wenn die Schätzungen weit auseinander liegen, erläutern die Spieler mit dem niedrigsten und dem höchsten Wert kurz ihre Einschätzung

5

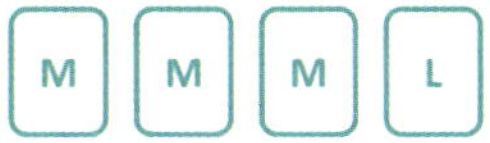

Nach den Erläuterungen der Mitspieler schätzen alle erneut und legen entsprechend ihre Karte – bis die Werte nah beieinander liegen; dann erfolgt die Schätzung für den nächsten Prozess

Zusammenfassung: Vorgehen Festlegung des Umfangs

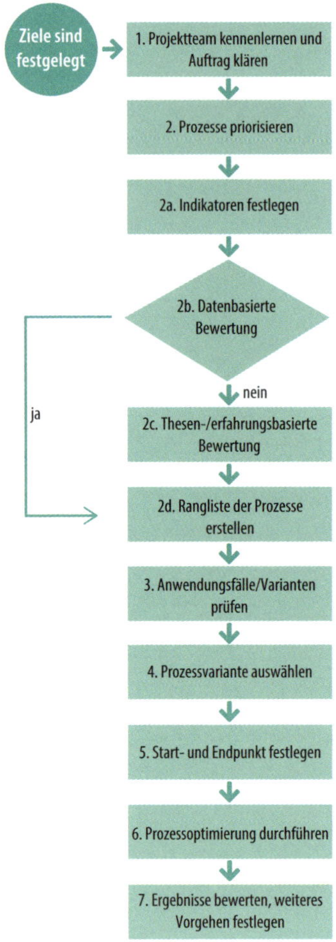

Basierend auf der Zielkarte sammeln Sie Prozesse, die zur Zielerreichung relevant sein könnten

Priorisieren Sie die Prozesse auf Basis des Pareto-Prinzips:

a. Legen Sie hierzu die relevanten Indikatoren fest

b. Prüfen Sie, ob Sie mit vertretbarem Aufwand eine datenbasierte Bewertung vornehmen können; wenn ja, führen Sie die entsprechenden Daten zusammen

c. Wenn nein, führen Sie eine thesen-/erfahrungsbasierte Bewertung durch; nutzen Sie hierfür klassische Methoden wie ein Klebepunktverfahren oder wenden Sie Planning Poker an

d. Erstellen Sie eine Rangliste der Prozesse, die Sie optimieren möchten (eine echte Priorisierung endet nicht in einer Übersicht der Prozesse mit Prio 1, Prio 2 etc.; eine echte Priorisierung macht die klare Aussage, dass 1. dieser und 2. jener Prozess betrachtet werden soll)

Prüfen Sie für den ersten anzugehenden Prozess, ob dieser für verschiedene Anwendungsfälle und/oder in verschiedenen Variante ausgeführt wird

Entscheiden Sie, welche Prozessvariante zuerst optimiert werden soll

Legen Sie den Start- und den Endpunkt fest

Führen Sie die nachfolgend beschriebenen Schritte zur Optimierung des Prozesses durch

Bewerten Sie nach Durchführung des ersten „Sprints" die Ergebnisse und entscheiden Sie:
a. Sollten wir andere Varianten des Prozesses betrachten oder die weiteren Prozesse angehen?
b. Ist unsere Priorisierung auf Basis der Erkenntnisse des ersten Sprints noch korrekt oder sollten wir die Rangreihe ändern?

Starten Sie dann mit dem nächsten Prozess, der Einstiegspunkt ist hierbei 3., also die Prüfung, ob der Prozess in verschiedenen Varianten ausgeführt wird

1 — — Ziele Ihrer Agilen Prozessoptimierung festlegen
Umfang der Agilen Prozessoptimierung bestimmen
Beteiligte an der Agilen Prozessoptimierung auswählen

2 Das Team für die Agile Prozessoptimierung einbinden und die Feinplanung durchführen
Das Team trainieren
Die Rollen im Team klären
Die Erhebung von Mengengerüsten und Zeiten planen
Das Team bei der Durchführung der Prozessdurchläufe unterstützen

3 Prozessdurchläufe durchführen

4 Prozessdurchläufe dokumentieren

5 Optimierte Prozesse entwickeln

6 Maßnahmen zur Umsetzung planen und durchführen

2.1.4 Welche Beteiligten werden für die Prozessoptimierung benötigt?

Umfang und Ziele der Prozessoptimierung stehen nun fest und es ist an der Zeit festzulegen, wer wie an der Agilen Prozessoptimierung beteiligt wird. Hierfür benötigen Sie „Optimierer" und „Inputgeber".

Die **Optimierer** bilden das Projektteam. Sie beeinflussen den Projekterfolg maßgeblich, denn sie …

- führen Prozessdurchläufe durch und sichten die real gelebten Prozesse;
- identifizieren und bewerten Optimierungspotenziale;
- designen den künftigen Soll-Prozess;
- erarbeiten die zur Umsetzung des Soll-Prozesses erforderlichen Maßnahmen und
- unterstützen den Weg vom Ist- zum Soll-Prozess sowie die Umsetzung der hierfür erforderlichen Maßnahmen aktiv.

Die Optimierer sind somit maßgeblich für den Erfolg des Projekts. Umso wichtiger ist es, dass Sie die Optimierer bewusst auswählen (siehe Abbildung „Festlegung der Beteiligten für die Prozessoptimierung: das Team der Optimierer").

Das Team der Optimierer sollte wie allgemein gültig eine gute Größe aufweisen. Als Daumenregel gilt: Rund sieben Personen sind zumeist eine geeignete Größe. Bei sehr komplexen Prozessen muss diese Zahl jedoch gegebenenfalls überschritten werden – und bei kleineren Vorhaben mögen sieben auch mal zu viele sein.

Tipp!

Eine Alternative zur Benennung des Teams durch das Management ist die Durchführung eines Selbstauswahl-Verfahrens – zum Beispiel kann die Teilnahme ausgeschrieben werden und das Projektteam durch die Mitarbeiter und/oder das Management in einem Wahlverfahren ausgewählt werden.

In jedem Fall sollte das Team der Optimierer heterogen besetzt und verschiedene Perspektiven vertreten sein.

Festlegung der Beteiligten für die Prozessoptimierung: das Team der Optimierer

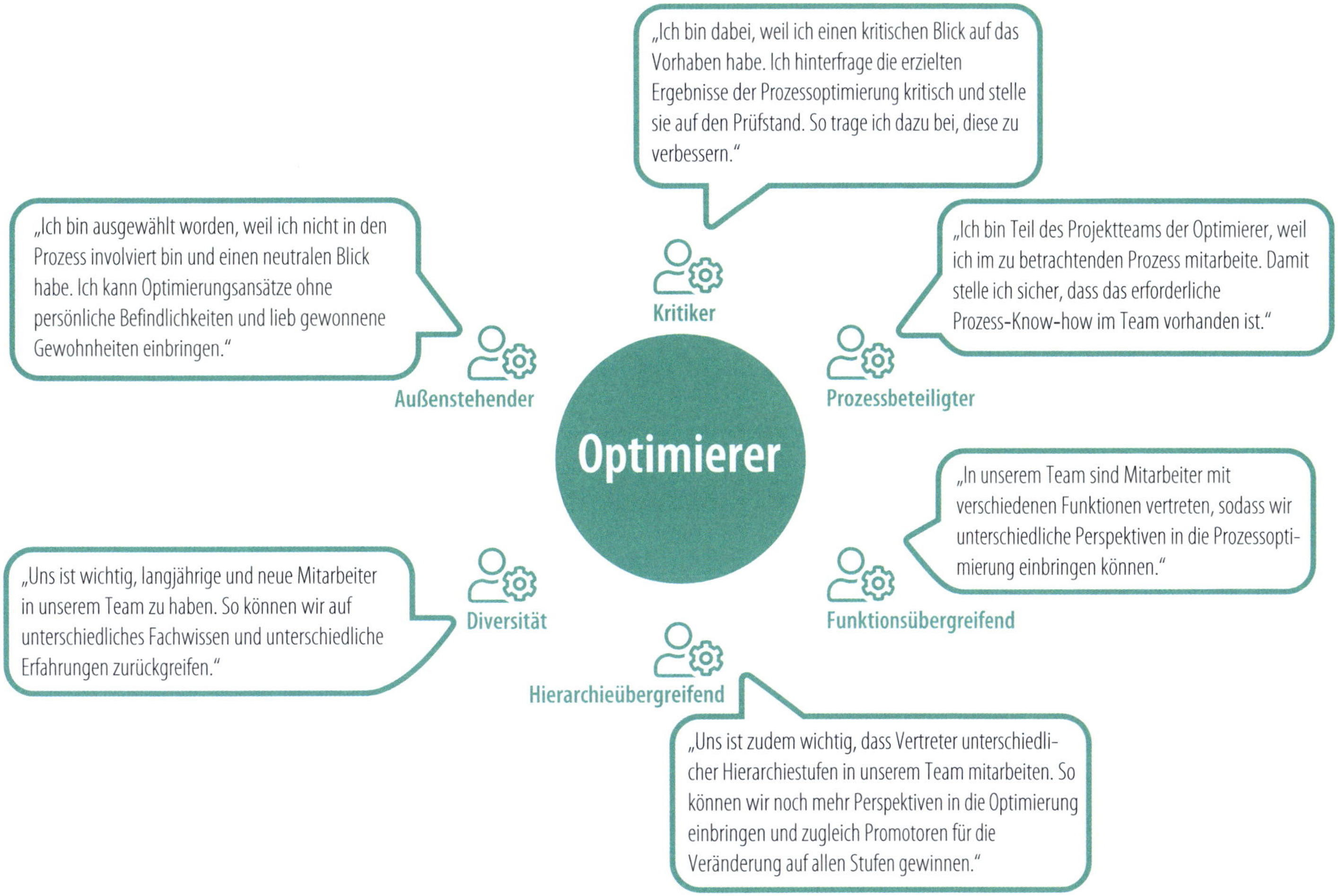

Unbedingt Teil des Teams müssen direkt am Prozess Beteiligte sein. Aus zwei Gründen: Zum einen sollte ausreichend Wissen über die betrachteten Prozesse im Team vertreten sein. So werden praktikable Lösungen entwickelt, keine lediglich theoretisch guten. Und zum anderen gewinnen Sie bei guter Arbeit im Team so aktive Fürsprecher des neu entwickelten Soll-Prozesses. Das fördert seine Akzeptanz und die Umsetzungswahrscheinlichkeit.

Entsprechend des End-to-End-Ansatzes sollten die verschiedenen am Prozess beteiligten Funktionen vertreten und die Teammitglieder an unterschiedlichen Stellen im Prozess tätig sein. So stellen Sie sicher, dass möglichst viel Prozess-Know-how im Team vorhanden ist. Die Teammitglieder entdecken so regelmäßig, dass ihre Kenntnisse über das Vorgehen und die Anforderungen der vor- und nachgelagerten Prozessstationen lückenhaft sind. Daher erfolgt im Team ein intensiver Austausch zu funktionsübergreifenden Anforderungen und das Team kann auf ein Gesamtoptimum hinarbeiten.

Dieser Effekt wird noch verstärkt, wenn auch eine hierarchieübergreifende Teambesetzung erfolgt. So wird die Perspektive der Führungskräfte und der operativ Tätigen eingebunden. Die Auswirkungen des Handelns (und des Nicht-Handelns) auf der einen Ebene auf die andere Ebene werden somit ebenfalls transparent. Dies ist besonders angeraten, wenn die Prozesssteuerung im Ist-Prozess nicht optimal ist.

Nun stellt sich noch die Frage, wie Sie blinde Flecken meiden und das Ansprechen auch unangenehmer Themen im Projektteam fördern. Hierzu drei Vorschläge:

1. Besetzen Sie das Team divers, zum Beispiel Mitarbeiter mit unterschiedlichem Fachwissen, Erfahrungen und Motiven. Zum Beispiel langjährige und relativ neue Mitarbeiter. Oder Ingenieure und Betriebswirte. Aber auch Frauen und Männer.
2. Prüfen Sie die Einbindung eines außenstehenden Teammitglieds, also einer Person, die nicht direkt im Prozess involviert ist. Dies kann ein Kollege aus einem anderen Bereich sein. Oder ein Dienstleister. Oder gar ein Kunde.
3. Stellen Sie sich gern auch die Frage: Welchen Kollegen möchte ich auf keinen Fall in das Projekt einbeziehen? Die Antwort betrifft häufig einen ausgewiesenen Kritiker, der seine Einwände und Kritikpunkte offen ausspricht. Prüfen Sie, ob Sie diesen starken oder einen anderen Kritiker in das Projektteam aufnehmen. Denn häufig liefern diese wertvollen Input, hinterfragen Abläufe offen, bewerten aber auch mögliche Optimierungsansätze kritisch. Das fördert die Qualität der Lösungen.

Es hat sich bewährt, die Optimierer früh in Vorhaben der Agilen Prozessoptimierung einzubinden und ihnen den Sinn des Vorhabens offen darzulegen.

Hinweis

Bevor die Prozessdurchläufe durchgeführt werden, sollten Sie mit dem Projektteam den im vorigen Schritt erarbeiteten Umfang der Prozessoptimierung prüfen und konkretisieren. So erhalten Sie wichtige Hinweise aus der Sicht der am Prozess direkt Beteiligten und können das Untersuchungsfeld besser eingrenzen. Zudem schaffen Sie im Projektteam die erforderliche Transparenz und das Verständnis für das Vorhaben.

Wie bereits erwähnt, werden die zur Optimierung des Prozesses erforderlichen Informationen während der Prozessdurchläufe gesammelt. Hierfür bedarf es der **Inputgeber**. Als Inputgeber kommen wiederum Mitarbeiter infrage, die Aufgaben im betrachteten Prozess wahrnehmen. Während der Prozessdurchläufe geben sie zu den Arbeitsschritten, dem Systemeinsatz, den erforderlichen Inputs und den generierten Outputs Auskunft. Sie erläutern zum Beispiel die Übergaben der vor- und nachgelagerten Schritte und weisen auf häufige Fehlerquellen in der Ausführung hin. Hierfür stellen die Optimierer den Inputgebern gezielt Fragen, um Optimierungspotenziale transparent zu machen. Wählen Sie Prozessbeteiligte, die in unterschiedlichen Rollen im Prozess agieren. Sie machen das Wissen über die Prozesse nutzbar und ermöglichen auf dieser Basis die praxisnahe Entwicklung von Lösungen.

Die Inputgeber sollten entsprechend auskunftsfähig sowie offen und auskunftsfreudig sein (siehe Abbildung „Festlegung der Beteiligten für die Prozessoptimierung: die Inputgeber"). Auch hier ist wiederum ein kritischer Blick häufig hilfreich, um bestmöglichen Input zu erlangen.

Die Inputgeber sind nicht Teil des Projektteams, stehen aber als Fachexperten für Input jederzeit zur Verfügung. Sie leisten mit ihrem Fachwissen einen wichtigen Beitrag im Projekt, da das Projektteam nur Themen bearbeiten kann, die durch die Inputgeber angesprochen und dargelegt werden.

Festlegung der Beteiligten für die Prozessoptimierung: die Inputgeber

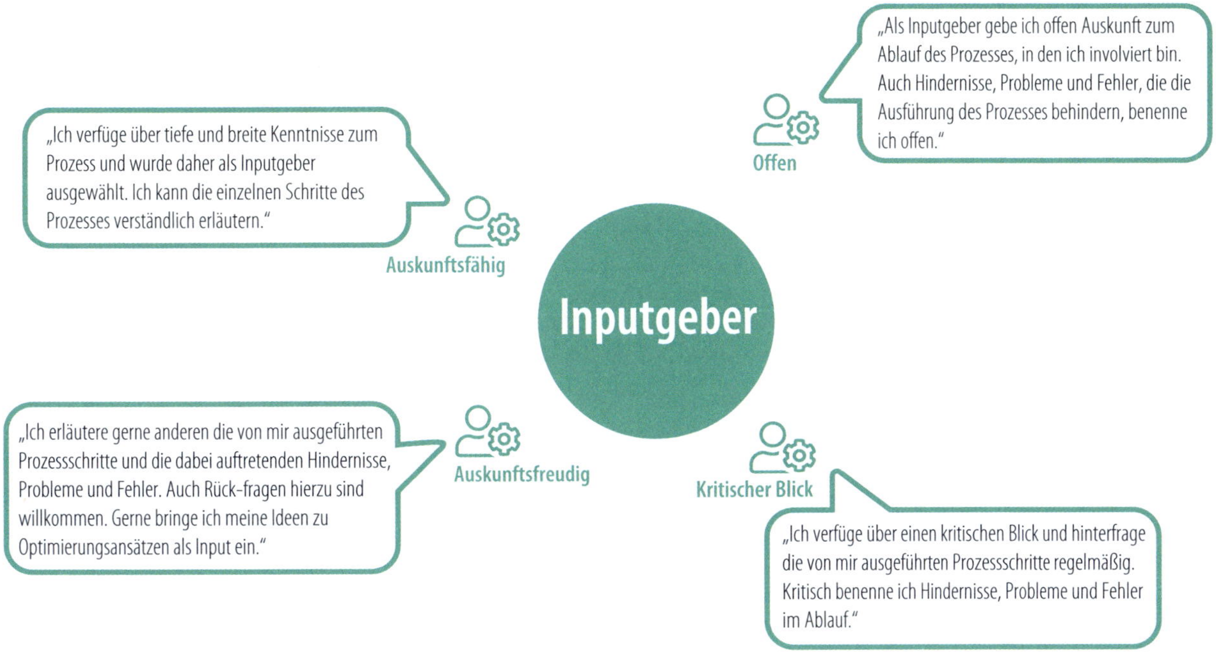

Was ist weiterhin zu beachten?

Benennen Sie zudem einen **Teamleiter** (für die Durchführung als klassisch gemanagtes Projekt) oder einen **Moderator** (für die Durchführung als agiles Projekt). In jedem Fall sollte der Teamleiter beziehungsweise Moderator die Methode der Agilen Prozessoptimierung kennen und durch das Projekt leiten. Damit stellen Sie sicher, dass das Team strukturiert und zielgesteuert schnell zu verwertbaren Ergebnissen gelangt.

Um das agile Mindset im Unternehmen zu fördern, ist die Aufstellung als selbstorganisiertes Team sinnvoll. Mit der funktionsübergreifenden Besetzung schaffen Sie hierfür eine wichtige Voraussetzung und ein Team, das eigenverantwortlich die Prozessoptimierung durchführen kann. Hierzu muss das Team bevollmächtigt werden, die für das Projekt relevanten Entscheidungen selbst zu treffen.

Häufig agieren die Prozessbeteiligten in einer **Doppelrolle als Inputgeber und Optimierer**. In diesem Fall wechseln die Prozessbeteiligten im Rahmen des Prozessdurchlaufs in die Rolle des Inputgebers und erläutern „ihre" Prozessstation (siehe Glossar). Bei der Sichtung anderer Prozessstationen agieren sie dann wieder als Optimierer.

Nun kann das ausgewählte Team zur Durchführung Ihrer Agilen Prozessoptimierung im Rahmen eines Kickoff-Workshops in das Vorhaben eingebunden werden. Bevor dies geschieht, empfehlen wir jedoch, kurz innezuhalten, da die Veränderung von Prozessen mit Umstellungen für die Betroffenen verbunden sein kann. Eine ungünstige Kommunikation kann Ängste und Widerstände schüren, die die Konzeptionsphase und die spätere Umsetzung erheblich erschweren können. Bewerten Sie daher die mögliche Tragweite von Veränderungen und mit welchen Reaktionen der Kollegen gerechnet werden muss. In manchen Fällen ist die Durchführung einer Prozessoptimierung für die Mitarbeiter nicht oder wenig besorgniserregend. In anderen Fällen kann sie jedoch hohe negative Aufmerksamkeit auf sich ziehen. Dies kann zum Beispiel der Fall sein, wenn

- seitens des Managements Erwartungen an Kostensenkungen und/oder den Abbau von Ressourcen bestehen;
- Erinnerungen an frühere, schmerzhafte Vorgänge hervorgerufen werden;
- die Einführung neuer Verfahren und/oder Technologien Bestandteil der Prozessoptimierung sein wird und entsprechende Sorgen hinsichtlich der eigenen Kompetenz der Mitarbeiter hervorruft;
- das Vertrauen in das Management gering ausgeprägt ist.

Daher sollten zunächst die Anforderungen an das Change-Management und die Change-Kommunikation bedacht werden.

Zusammenfassung: Vorgehen Auswahl der Beteiligten

Umfang ist festgelegt →

1. Rollen und Aufgaben im Projekt festlegen	Machen Sie sich bewusst, welche Rollen (Optimierer, Inputgeber, Teamleiter/Moderator) Sie für das Projekt benötigen und welche Aufgaben diese ausführen sollen
2. Erforderliche Perspektiven zur Optimierung prüfen	Überlegen Sie, welche unterschiedlichen Perspektiven im Team der Optimierer vertreten sein sollen, um den Prozess bestmöglich bewerten und Optimierungsansätze identifizieren zu können (z.B. unterschiedliches Fachwissen und Erfahrungen, verschiedene Hierarchieebenen, Mitarbeiter mit verschiedenen Funktionen, Prozessbeteiligte, Außenstehende, Kritiker etc.)
3. Heterogenes Team der Optimierer auswählen	Wählen Sie die Optimierer (= Projektteam; nach Möglichkeit selbstorganisiert) vor dem Hintergrund ihrer Prozesskenntnisse und Perspektiven, die sie einbringen können, möglichst heterogen aus; diese sichten und bewerten den Prozess, bringen Verbesserungsansätze ein und erarbeiten und unterstützen die Umsetzungsmaßnahmen
4. Teamleiter / Moderator benennen	Benennen Sie einen Teamleiter oder Moderator, der die Methode kennt und zielgesteuert durch das Projekt leitet
5. Inputgeber benennen	Benennen Sie die Inputgeber (= am Prozess beteiligte Fachexperten mit unterschiedlichen Rollen im Prozess), die Auskunft zum Prozess und möglichen Fehlerquellen geben können, sobald Sie gemeinsam mit dem Projektteam den Umfang der Prozessoptimierung konkretisiert und die Prozessstationen geplant haben
6. Doppelrollen klären	Prüfen Sie, welche der involvierten Projektbeteiligten in einer Doppelrolle als Inputgeber und Optimierer agieren und an welcher Stelle im Prozess welche Rolle eingenommen werden soll

Bevor Sie nun das ausgewählte Team im Rahmen eines Kickoff-Workshops in das Vorhaben der Agilen Prozessoptimierung einbinden, sollten Sie zunächst die Anforderungen an das Change-Management und die Change-Kommunikation prüfen

2.1.5 Extra: Kommunikation im Veränderungsmanagement

Es ist aus Ihrer Sicht wichtig, die Kommunikation zur Agilen Prozessoptimierung sensibel zu gestalten und die Veränderung von Anbeginn aktiv zu begleiten? Dann sollten Sie sich die Change-Kurve vergegenwärtigen beziehungsweise in Erinnerung rufen (siehe Abbildung „Phasen organisatorischer Veränderungsprozesse").

Deren Grundaussage ist einfach: Beim Bekanntwerden von Veränderungen sinkt die wahrgenommene Eigenkompetenz von Menschen ab. Sie fürchten, dass ihre – oftmals mühevoll erworbenen – Kompetenzen nicht mehr ausreichen und/oder nicht mehr einsetzbar sind. Die übliche Reaktion auf dieses unangenehme Empfinden („Schock") ist Verneinung, Wut und somit Ablehnung. Wer Veränderung herbeiführen möchte, kann entweder Menschen hierzu anweisen und diese durchdrücken. Dies führt

Phasen organisatorischer Veränderungsprozesse

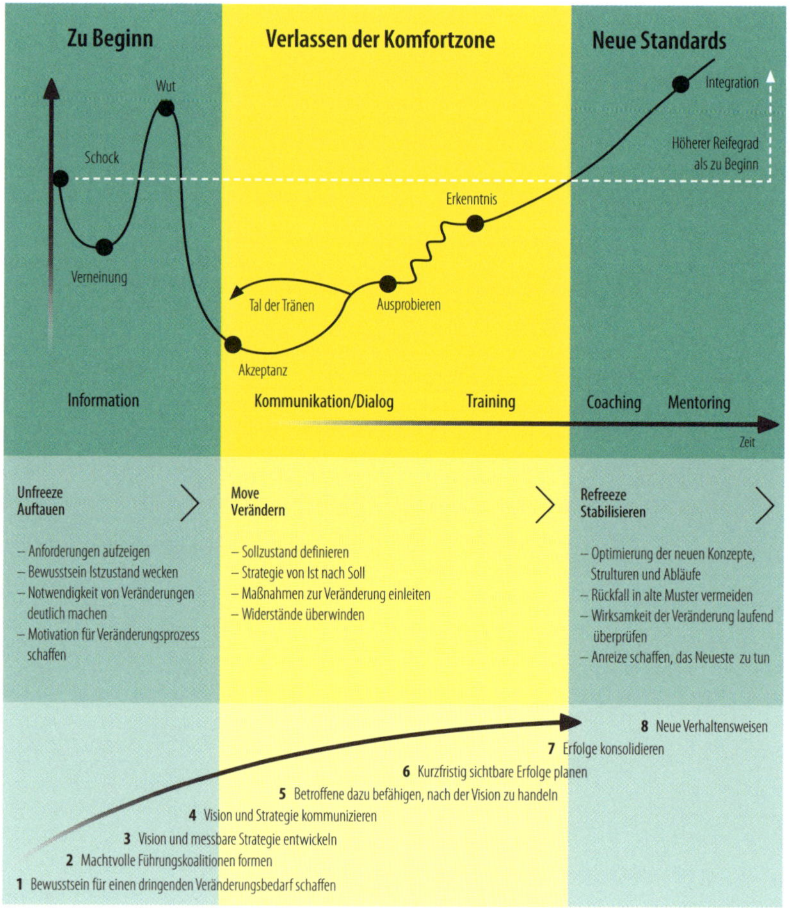

Abbildung nach messbacher Coaching & Organisationsberatung, Gestaltung von Veränderungsprozessen, http://messbacher.de/fileadmin/user_upload/fibel-change-management-2015-2.pdf

jedoch zu Vertrauensverlust. Die Alternative ist, durch geeignete Kommunikation und weitere Maßnahmen, wie zum Beispiel Trainings, Akzeptanz für die vorgesehenen Veränderungen aufzubauen.

Auf diesem Weg gilt es in einer ersten Phase des Auftauens, das Bewusstsein für die Erfordernisse von Veränderungen aufzubauen. In den weiteren Phasen stehen „Verändern" und schließlich „Stabilisieren" im Fokus. Hierzu bestehen verschiedene Ansätze wie man vorgehen kann, siehe die Ansätze, von Lewin[3] und Kotter[4].

Unabhängig davon, welches Veränderungsmodell Sie bevorzugen: Die Planung und Durchführung der Kommunikation ist der kritische Erfolgsfaktor. Hier ein Leitfaden, wie Sie die Kommunikation im Veränderungsprozess erfolgreich meistern.

Gute Change-Kommunikation beginnt mit dem Start des Vorhabens – also vor dem Start des Projekts zur Prozessoptimierung

Das Verhalten des Managements sendet von Anbeginn Botschaften. Bereits die Vorlaufphase und die Auswahl des Teams wird von den Beteiligten, den (potenziell) Betroffenen sowie weiteren Beobachtern auf die eine oder andere Weise interpretiert. Es ist daher in der Regel sinnvoll, die Beweggründe für das Vorgehen und die Teamauswahl offen darzulegen. Weiterhin können Sie bei kritischen, zum Beispiel auf eine Kostenreduktion abzielenden Optimierungsprojekten gemeinsam mit Ihrem Personalbereich eine Charta, also eine Selbstverpflichtung, formulieren. In dieser legen Sie bereits vorab fest, wie das Unternehmen in kritischen Fällen verfahren wird. Die Charta kann zum Beispiel folgende Sachverhalte umfassen:

- Wie gehen wir vor, wenn Projektmitglieder Fragen, Einwände oder Bedenken haben, die sie nicht gegenüber dem Projektteam und ihrem Vorgesetzten äußern möchten?
- Wie gehen wir vor, wenn sich das Anforderungs- und Aufgabenprofil von Arbeitsplätzen verändert?
- Wie gehen wir vor, wenn das Unternehmen sich im Zuge des Vorhabens von Mitarbeitern trennen möchte?
- Wie gehen wir vor, wenn sich Mitarbeiter im Zuge des Vorhabens vom Unternehmen trennen möchten?
- …

So können Sie den Beteiligten sowohl auf Mitarbeiter- als auch auf Managementebene einen Grundstock an Sicherheit vermitteln, ohne mögliche schmerzhafte Ergebnisse des Prozesses zu verneinen oder andere die Vertrauensbasis gefährdende Kommunikation betreiben zu müssen.

Kommunikation muss empfängerorientiert erfolgen, also die Bedürfnisse des Empfängers kennen und adressieren

Rein an den Interessen des Senders orientierte Kommunikation bleibt meist wirkungslos. Sie bietet dem Empfänger keine für ihn relevanten Botschaften und Inhalte und führt daher nicht zu einer Änderung der Haltung und des Verhaltens.

Um für den Empfänger relevante Botschaften zu übermitteln, sollte der Sender dessen Bedürfnisse kennen und adressieren. Dies erfordert zumeist auch eine Differenzierung der Kommunikation nach verschiedenen Zielgruppen.

So besagt eine Daumenregel, dass in Veränderungsprozessen circa 20 Prozent der Betroffenen Befürworter sind. Diese unterstützen das Veränderungsvorhaben aktiv und/oder kommunikativ. Weitere circa 20 Prozent sind Verhinderer. Sie wünschen sich, dass die Veränderung nicht stattfindet und die Dinge bleiben, wie sie sind. Die weiteren circa 60 Prozent können als „Zaunhocker" bezeichnet werden. Sie beob-

[3] Erläuterung siehe zum Beispiel im Beitrag „Das 3-Phasen-Modell nach Lewin: Veränderungen richtig gestalten", **https://projekte-leicht-gemacht.de/blog/pm-methoden-erklaert/das-3-phasen-modell-lewin/**

[4] Erläuterung siehe zum Beispiel im Beitrag „Change Management: 8 Phasen nach John P. Kotter", **https://digitaler-mittelstand.de/business/ratgeber/change-management-8-phasen-nach-john-p-kotter-7090**; siehe auch „Change Management – Veränderung in dynamischen Zeiten agil bewältigen"; M. Olavarria, M. Borggräfe, schulthess manager handbuch 2018/2019, S. 21–32 (**https://www.berlin-consulting.de/wp-content/uploads/2018/11/Schulthess-manager-Beitrag_Olavarria_Borggr%C3%A4fe_2018.pdf**)

achten die Geschehnisse und schließen sich im Zeitverlauf der Gewinnerpartei an. Diese drei Gruppen sollten jeweils spezifisch angesprochen werden.

Wichtige Basis für eine gute Veränderungskommunikation ist eine Stakeholder- sowie Bedürfnisanalyse. Die Durchführung einer Stakeholderanalyse kann mit relativ geringem Aufwand durchgeführt werden:

1. *Identifizieren Sie die relevanten Stakeholdergruppen.*
   Wichtige Stakeholdergruppen sind bereits im Projektteam vertreten, da dieses aus Repräsentanten der in den Prozess involvierten Organisationseinheiten besteht. Sie können Auskunft geben über die Haltung und die Bedürfnisse ihrer Kollegen. Prüfen Sie dennoch, ob für die Kommunikation weitere Gruppen relevant sind – zum Beispiel die Mitarbeitervertretung. Überlegen Sie, nach welchen Kriterien Sie die Stakeholder sinnvoll gruppieren können. Eine Möglichkeit

Beispielhafte Darstellung Personas

Persona „Michael"
Abteilungsleiter Produktmanagement, Alter 35–45 Jahre

Veränderungsfähigkeit	Veränderungsfähigkeit	Haltung und Einfluss	Information und Kommunikation
Ausbildung Studium der Betriebswirtschaftslehre, Schwerpunkt Marketing und Produktmanagement	**Erwartungen und Wünsche an das weitere Berufsleben** Stetige Weiterentwicklung seiner persönlichen Fähigkeiten und seiner Abteilung	**Einstellung** Kann Aufgaben delegieren, fordert Leistung ein, interveniert, wenn sinnvoll, Befürworter der Veränderung	**Information** Mag keine textlastigen Infos, wünscht sich mehr Information zu Strategie und Zukunftsbild durch das Management
Berufserfahrung Mehrjährige Berufserfahrung im Produktmanagement, Mitarbeiterführung, Leitung von Projekten	**Positive Veränderungserfahrungen** Bündelung aller Produktmanagement-Aufgaben in einer zentralen Abteilung	**Macht** Meinungsmacher	**Mediennutzung** Mündliches ist näher als Geschriebenes, sonst überwiegend digital, gelegentlich auch informelle Arbeitspausen
Kompetenzen Stark ausgeprägtes unternehmerisches Denken, Ergebnisorientierung	**Negative Veränderungserfahrungen** Übernahme von mehr Verantwortung durch die eigenen Mitarbeiter gescheitert	**Einfluss** Hoch - sowohl auf betroffene Mitarbeiter als auch auf das Management	**Kommunikationsverhalten** Kommuniziert vor allem persönlich, nutzt aber auch E-Mails

sind die Organisationseinheiten, nach denen Sie das Projektteam zusammengestellt haben. Eine Alternative ist die Betrachtung der drei Gruppen Befürworter, Verhinderer und Zaunhocker. Leitfragen hierbei sind: Welche Gruppen sollten wir unterscheiden? Sind verschiedene Mitarbeiter unterschiedlich stark von den Veränderungen betroffen? Oder unterscheiden wir lediglich zwischen Unterstützern, Beobachtern und Verhinderern?

2. *Formulieren Sie Thesen zum Change-Impact und zur Haltung der Stakeholdergruppen.*
   Um die Haltung der einzelnen Stakeholdergruppen gut einzuschätzen, hilft Ihnen die Beantwortung der folgenden Fragen im Projektteam:
   - Welche Veränderungen sind bei welcher Stakeholdergruppe zu erwarten? Bei welchen Gruppen sind starke, bei welchen keine oder nur geringe Veränderungen zu erwarten?
   - Wie schätzen wir die jeweilige Veränderungsbereitschaft ein?
   - Welche Interessengruppe ist dem Projekt gegenüber positiv, welche eher negativ eingestellt? Welche Gruppen würden eher unterstützen, welche eher verhindern wollen?
   - Welche Möglichkeiten der Einflussnahme auf das Projekt bestehen?

3. *Formulieren Sie Thesen zu Bedürfnissen der Stakeholdergruppen.*
   Vertiefte Beschreibungen der Interessengruppen können bei Bedarf in Form von Personas erstellt werden (siehe Abbildung „Beispielhafte Darstellung Personas").

4. *Fassen Sie die Erkenntnisse aus der Analyse zusammen.*
   Eine kurze, präzise Zusammenfassung der Stakeholderanalyse unterstützt Sie optimal bei der Verwertung der Ergebnisse im Projektverlauf. Ausufernde Ausführungen werden oftmals nicht mehr zu Rate gezogen. Dies ist insbesondere der Fall, wenn die Change-Kommunikation vom Projektteam ohne dezidierte eigene Ressource, also „nebenbei" geleistet werden muss.

Auf dieser Basis können Sie nachfolgend die Kommunikationsplanung gut vorbereitet durchführen.

Kommunikation muss im Zeitverlauf klare und kohärente Kernbotschaften vermitteln

Gerade in der Veränderungskommunikation ist die Übermittlung klarer und konsistenter Botschaften wichtig. Denn unklare oder wechselnde Botschaften durch die Treiber der Veränderung sorgen für Unsicherheit und bieten Anlass für Kritik und Ablehnung.

Ein bewährtes Instrument, um die Kommunikation stringent zu gestalten, ist die **Change Story**. Eine Change Story bietet gleich zwei Vorteile: Zum einen motiviert sie die Treiber der Veränderung, die Kernaussagen der Veränderungskommunikation frühzeitig zu diskutieren und abzustimmen. Zum anderen bietet sie allen Beteiligten einen Rahmen, in dem sie sich kommunikativ bewegen können.

Die Orientierung am **„Golden Circle of Communication"** hat sich auch in der Change-Kommunikation bewährt, das Prinzip hierbei ist **„Start with why"**:

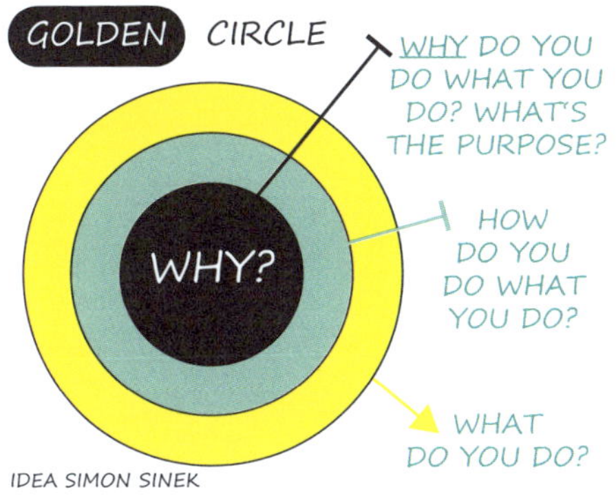

Bei der Entwicklung der Aussagen zum „Warum" sollte, wo immer möglich, eine **Von-außen-nach-innen-Perspektive** eingenommen werden. So wird vermieden, dass die Veränderung als Selbstzweck wahrgenommen wird. Die Empfänger der Kommunikation sollten den

Bezug zum Markt, zu den Kunden und der Unternehmensstrategie klar erkennen. Ziehen Sie hierzu Megatrends, Trends und Entwicklungen im Umfeld sowie beim Kunden in Betracht. Dadurch vermitteln Sie den „Sense of Urgency", beantworten also die Frage, warum diese Veränderung genau jetzt angegangen werden muss. Und Sie unterstützen die Kollegen dabei, rationale Einsicht zu erlangen.

Hilfreich ist zudem der Aufbau der Change Story **von der Vergangenheit über die Gegenwart zur Zukunft**:

- Wo kommen wir her?
- Wo stehen wir?
- Wo soll es hingehen?

So schaffen Sie Identifikation mit der Vergangenheit und wertschätzen das, was ist. Werfen Sie auch einen Blick auf Change-Prozesse der Vergangenheit und adressieren Sie offen, ob beziehungsweise wo es sich bei dieser Veränderung nach Einschätzung des Managements um eine Fortsetzung von Bewährtem oder ein abweichendes Vorgehen handelt („Dieses Mal anders!"). So können entweder gute Ergebnisse der Vergangenheit aufgezeigt werden, um Sorgen und Ängste zu mildern, oder die Bereitschaft, neue Wege zu beschreiten und Kritik aufzugreifen, bewiesen werden.

Weitere Hinweise und Tipps

- Entwickeln Sie wo möglich eine attraktive Zukunftsvision, ein plastisches Zukunftsbild → „Imagine!"; beachten Sie hierbei, dass Attraktivität im Auge des Betrachters liegt. Was für das Management attraktiv ist („Mehr Umsatz!") ist für den Mitarbeiter nicht unbedingt auch attraktiv („Mehr Umsatz = mehr Arbeit für mich!")
- Verweisen Sie auf Stärken und Ressourcen → Warum schaffen wir das?
- Kommunizieren Sie positiv, meiden Sie Wörter wie „keine" und „nicht". So wird die Formulierung „Es wird keine Entlassungen geben" aufgenommen als „Es wird Entlassungen geben". Sagen Sie besser: „Die Arbeitsplätze sind sicher."
- Adressieren Sie den angestrebten positiven Umgang mit Fehlern, denn diese sind unvermeidlich. Zum Beispiel kann sich das Management zu eigenen Fehlern bekennen.
- Die Kommunikation sollte ehrlich sein und daher auch aufzeigen, was noch ungewiss ist und wie mit dem Nichtwissen umgegangen werden soll.
- Die Kommunikation sollte transparent sein und daher auch Einschnitte, Schmerzpunkte, Verluste benennen.
- Neben dem „Sense of Urgency" ist auch der „Sense of Unity" wichtig → Wie können wir über die gemeinsame Vergangenheit hinaus Identität stiften?

Perspektivwechsel

Wie oben schon angedeutet: Die Change Story und die hierauf basierende Change-Kommunikation ist für die Zielgruppen da, nicht für den Absender! Denken und formulieren Sie daher aus Sicht der Mitarbeiter, bauen Sie sich gegebenenfalls eine Persona, die Sie dabei unterstützt.

Kommunikationsmaßnahmen richten sich an definierten Zielen aus und transportieren eine wichtige Botschaft

Bevor Sie über die Inhalte („Was kommunizieren wir?") und die Formate („In welchem Rahmen und über welche Kanäle kommunizieren wir?") diskutieren: Klären Sie immer zuerst die **Ziele** für die nächsten Kommunikationsmaßnahmen.

Diese werden sich von Phase zu Phase unterscheiden. Mal geht es um Aufmerksamkeit für ein Thema, mal um den Aufbau von Vertrauen, mal um etwas ganz anderes.

Auch wenn die Ziele klar sind, ist es noch nicht an der Zeit, die Inhalte zu diskutieren. Klären Sie zunächst die **Botschaft**, die Sie vermitteln möchten. Stellen Sie sich die Frage: Welche für die Empfänger wichtige Botschaft soll bei ihnen ankommen? Nicht: Welche Nachricht sollte aus unserer Sicht gesendet werden? So versetzen Sie sich in die Situation der Empfänger und kommunizieren wirkungsvoller.

Erst wenn klar ist, welche für die Empfänger relevante Botschaft bei diesen ankommen soll, ist es an der Zeit, zu erarbeiten, was konkret kommuniziert wird.

Dazu muss folgende Frage geklärt werden: Welche **Inhalte** transportieren unsere Botschaft am besten an die Empfänger? Wollen wir über die geplanten Trainings informieren? Oder lieber über die Vorteile des neuen IT-Systems, das im Zuge der Prozessoptimierung eingeführt wird? Beachten Sie hierbei auch die Change Story – sie setzt den Rahmen, um eine über den gesamten Verlauf der Veränderung stimmige und widerspruchsfreie Kommunikation zu gewährleisten.

Sobald die Inhalte geklärt sind, folgen die Überlegungen, wie die Inhalte kommuniziert werden: Wie können wir die Inhalte bestmöglich vermitteln? Welcher Rahmen ist geeignet? Über welche **Kanäle** können wir kommunizieren?

Kommunikation wird erst mit Wiederholung wirksam

Bei der Planung der Kanäle und dem Ausspielen der Kommunikationsmaßnahmen sollten Sie einen wichtigen Faktor beachten: Die einmalige Übermittlung einer Nachricht führt nicht zwingend dazu, dass diese auch angekommen ist. Planen Sie daher bei wichtigen Botschaften die mehrfache Übermittlung an die Empfänger ein. Hierzu können Sie verschiedene Kanäle einsetzen. Vor allem aber sollten Sie diesen Grundsatz auch in der persönlichen Kommunikation beachten. Der Dialog mit von der Veränderung Betroffenen bietet die beste Möglichkeit, zu prüfen, welche Nachrichten wie aufgenommen worden sind.

In der Change-Kommunikation sollten verschiedene Formate eingesetzt werden

Neben der Ein-Weg-Kommunikation mittels zum Beispiel E-Mail, oder Intranet sollten also auch dialogische Formate Teil der Veränderungskommunikation sein. So können Fragen und Einwände geklärt und Sorgen gemeinsam bearbeitet werden.

Tipp!

Die Planung erfolgreicher Change-Kommunikation sollte immer einem klaren Ablauf folgen:

1. **Ziele festlegen: Was wollen wir mit unserer Kommunikation erreichen?**
2. **Botschaft klären: Was ist für die Empfänger wichtig, welche Botschaft soll dort ankommen?**
3. **Inhalte entwickeln: Welche Inhalte transportieren unsere Botschaft am besten?**
4. **Formate und Kanäle festlegen: Wie erzählen/vermitteln wir die Inhalte?**

2.2 Feinplanung durchführen, Team trainieren und Rollen klären

2.2.1 Team einbinden und gemeinsam die Feinplanung durchführen

1
Ziele Ihrer Agilen Prozessoptimierung festlegen
Umfang der Agilen Prozessoptimierung bestimmen
Beteiligte an der Agilen Prozessoptimierung auswählen

2
Das Team für die Agile Prozessoptimierung einbinden und die Feinplanung durchführen
Das Team trainieren
Die Rollen im Team klären
Die Erhebung von Mengengerüsten und Zeiten planen
Das Team bei der Durchführung der Prozessdurchläufe unterstützen

3
Prozessdurchläufe durchführen

4
Prozessdurchläufe dokumentieren

5
Optimierte Prozesse entwickeln

6
Maßnahmen zur Umsetzung planen und durchführen

Wie wird das Team eingebunden?

Damit das Projektteam der Optimierer die Prozessoptimierung eigenverantwortlich durchführen kann, sollten Sie diese zunächst über ihren Auftrag in Kenntnis setzen. Sie können das Team am besten abholen, wenn Sie es umfassend informieren, befähigen und in die **Feinplanung des Projekts** einbeziehen. So steigern Sie die Motivation der Teammitglieder, zum Erfolg des Projekts beizutragen. Erster Schritt der Einbindung des Teams ist ein gemeinsamer Workshop.

Beginnen Sie den Workshop mit einer kurzen **Kennenlernrunde der Teammitglieder**. Jedes Mitglied stellt sich und seine Funktion im Unternehmen kurz vor und geht hierbei auch auf seinen fachlichen Hintergrund ein. Hier können auch bereits erste Erfahrungen und Einschätzungen zum Prozess aufgenommen werden: Welche Stärken weist der aktuelle Ablauf aus meiner Sicht auf? Welches sind aus meiner Sicht die größten Hindernisse, Probleme und Fehler?

Feinplanung der Agilen Prozessoptimierung

To-do-Liste der Feinplanung

1. Kennenlernen des Projektteams und Aufgabenverteilung im Projekt
2. Vorstellung der Ziele der Prozessoptimierung und Erarbeitung der Outcomes gemeinsam im Team
3. Feinplanung und Priorisierung des Umfangs der Prozessoptimierung (gegebenfalls inklusive Sprintplanung und Festlegung des Blacklogs)
4. Sofern auch die Agilität der Abläufe gesteigert werden soll: Priorisierung der agilen Prinzipien
5. Planung der zu sichtenden Prozessstationen und Festlegung möglicher Inputgeber
6. Terminplanung der Prozessdurchläufe
7. Information der Inputgeber und organisatorische Vorbereitung der Prozessdurchläufe

Klären Sie die jeweiligen Aufgaben der einzelnen Teammitglieder im Projekt und erläutern Sie die hiermit verbundenen Erwartungen. Wer agiert als Optimierer und gegebenenfalls gleichzeitig als Inputgeber? Wer als Teamleiter beziehungsweise Moderator? Wer ist der Auftraggeber? Welche weiteren Stakeholder sind zu berücksichtigen?

Stellen Sie dem Projektteam nun die **Ziele der Prozessoptimierung** vor, um die erforderliche Transparenz zum Warum und den Zielen der Agilen Prozessoptimierung zu schaffen. Sie können hierfür die zuvor formulierte Zielkarte verwenden und diese mit dem Team diskutieren und abstimmen. Mitunter sind die Ziele aus Sicht des Teams noch nicht ausreichend klar formuliert oder nicht weitreichend genug. Gegebenenfalls ergeben sich also Anpassungen oder Erweiterungen.

Um die Identifikation des Teams mit dem Projekt und dessen Zielen weiter zu fördern, erarbeiten Sie gemeinsam die angestrebten **Outcomes**. Diese beantworten die Leitfrage:

Welche Wirkung soll die Agile Prozessoptimierung entfalten?

Hierbei sollten Sie drei verschiedene Perspektiven berücksichtigen:

Die Kundenperspektive: Welche Wirkung wollen wir bei unseren Abnehmern/Kunden erzielen?

Die Marktperspektive: Welche Wirkung wollen wir bei weiteren Marktteilnehmern erzielen?

Unsere Perspektive: Welches sind für uns selbst relevante Ziele?

Beachten Sie hierbei sowohl die Sachebene als auch die emotionale und kulturelle Ebene (siehe hierzu und den folgenden Ausführungen die Abbildung „Beispiel zur Formulierung der Outcomes“).

Indem Sie mit dem Team diese Fragen bearbeiten, erlangen Sie gemeinsam Erkenntnisse dazu,

- worauf das Team bei den Prozessdurchläufen und der Prozessoptimierung besonders achten sollte – so lässt sich aus den in der Abbildung „Beispiel zur Formulierung des Outcomes“ dargestellten Outcomes aus Kundenperspektive ableiten, dass die eigenen Prozesse auf Fehlerfreiheit, Lieferzuverlässigkeit und Gesamt-Betriebskosten der Kunden ausgerichtet sein sollten
- welchen Beitrag die künftigen Prozesse aus Sicht des Teams zur Differenzierung vom Wettbewerb leisten können – siehe die Ausrichtung auf die Verlässlichkeit der eigenen Prozesse für den Handel im Beispiel
- was dem Team mit Blick auf die anstehende Prozessoptimierung wichtig ist – siehe den Wunsch nach Abbau von Überstunden durch Meidung unproduktiver Meetings im Beispiel
- welche Kriterien bei der Bewertung von Lösungsansätzen herangezogen werden sollten – so wäre im Beispiel ein Optimierungsansatz, der die Lieferzuverlässigkeit steigert, wichtiger als andere Optimierungsansätze

Nachdem die Ziele und Outcomes geklärt sind, wenden Sie sich dem **Umfang der Prozessoptimierung** zu. Wie in Abschnitt 2.1.2 ausgeführt, kann dieser vorab grob umrissen oder en détail erarbeitet werden. Erarbeiten Sie hier nun auf Basis der Vorarbeiten den genauen Umfang gemeinsam mit dem Team, zum Beispiel unter Anwendung des bereits erwähnten Pareto-Prinzips zur Priorisierung der Prozesse und/oder seiner Varianten. Wichtig ist, dass nun auch der Start- und Endpunkt des beziehungsweise der zu betrachtenden Prozesse(s) festgelegt sind. So kennt das Team den Umfang gut genug, um in weiteren Schritten die erforderliche Feinplanung durchzuführen (siehe unten). Bevor Sie in die Details abtauchen, steht gegebenenfalls noch eine weitere rahmengebende Aufgabe an: die Priorisierung der agilen Prinzipien.

Welche agilen Prinzipien sind für uns wichtig?

Bis zu diesem Zeitpunkt haben Sie

- die Ziele der Prozessoptimierung festgelegt,
- deren Umfang bestimmt,
- das Projektteam ausgewählt und
- gemeinsam mit dem Projektteam die gewünschten Outcomes des Projekts erarbeitet.

Spätestens jetzt sollten Sie klären, ob Sie mit Hilfe der Agilen Prozessoptimierung „nur" die bestehenden Prozesse optimieren möchten. Ist dies der Fall, ist der folgende Abschnitt für Sie nicht unmittelbar relevant. (Wir empfehlen aber, ihn dennoch zu sichten – Sie erhalten so gegebenenfalls hilfreichen Input, um die folgenden Schritte besser zu absolvieren.) Möchten Sie aber darüber hinaus die Agilität Ihrer Abläufe steigern, erfahren Sie nachfolgend, wie Sie dies angehen können.

Da sich unter den Stichworten „Agilität" und „agil" sehr viele Ansätze finden, sollte man zum Start systematisch vorgehen. Diskutieren Sie zunächst, welcher Aspekt von „agil" Sie und Ihr Unternehmen wirklich voranbringt. Im Fokus stehen hierbei die folgenden Fragen:

- Welche Prinzipien leiten heute unser Handeln?
- Welche agilen Prinzipien sollen unser Handeln künftig leiten (siehe die Übersicht zu agilen Prinzipien in Kapitel 1)?

Indem Sie zunächst klären, welche bestehenden durch welche agilen Prinzipien ersetzt werden sollen, können alle Beteiligten die Zielsetzung viel besser greifen und darauf hinarbeiten. Entsprechend werden in der Agilen Prozessoptimierung vor der Durchführung der Prozessdurchläufe die agilen Prinzipien priorisiert. Dies kann in fünf einfachen Schritten erfolgen:

1. Den Teammitgliedern wird eine allgemeine Übersicht der agilen Prinzipien vorgestellt und erläutert.
2. Auf dieser Basis wird diskutiert, inwiefern die Bearbeitung des zu optimierenden Prozesses bereits agilen Prinzipien folgt und wo sie von den agilen Prinzipien abweicht. So werden die heute wirksamen Prinzipien erkennbar.

Beispiel zur Formulierung der Outcomes

	Formulierung des angestrebten Outcomes: Beispiel „Industrie"		
	Kundenperspektive: Angestrebte Wirkung bei Abnehmern/Kunden	Marktperspektive: Angestrebte Wirkung auf die weiteren Marktteilnehmer	Unsere Perspektive: Für uns selbst relevante Ziele
Sachebene (Strategie, Funktion, Wirtschaftlichkeit)	„Unsere Outputs bieten den Kunden größtmögliche Fehlerfreiheit."	„Wir bleiben hinsichtlich der Fehlerquote gegenüber allen Wettbewerbern führend."	„Wir verringern die Zeit in unproduktiven Meetings und reduzieren die Anzahl der Überstunden."
	„Mit unseren Lösungen haben die Kunden immer die geringsten Gesamt-Betriebskosten."	„Der Wettbewerb hat beständig höhere Service- und Logistikkosten."	„Wir erwirtschaften nachhaltig ein höheres EBIT als die Konzernquote."
Emotionale und kulturelle Ebene	„Wir haben die entspanntesten Kunden, sie lieben die Lieferzuverlässigkeit und das Gefühl der Sicherheit."	„Die Händler lieben uns, weil sie sich auf uns zu 100 % verlassen können."	„Unser überlegenes Qualitätsmanagement macht uns stolz und zum attraktivsten Arbeitgeber der Branche."

3. Besprechen Sie nun, hinsichtlich welcher Prinzipien Änderungsbedarf besteht: Welche Prinzipien sollten wir beibehalten, da sie auch weiterhin förderlich und zielführend sind? Welche Prinzipien sind hingegen hinderlich und stehen uns bei der Erreichung des bestmöglichen Ablaufs und Ergebnisses im Weg?

Begriffsklärung

Agile Prinzipien: Formulieren Thesen, welche handlungsleitenden Gedanken zu höherer Agilität führen.

Agile Praktiken: Sind die agilen Prinzipien die Leitgedanken, denen eine Organisation folgt, so sind agile Praktiken ihre Werkzeuge, mit denen sie Agilität in der täglichen Zusammenarbeit verankert. Da mittlerweile Ansätze aus verschiedensten Praxisideen und Schulen unter der Überschrift „agil" genannt werden, sind diese kaum noch zu überschauen.

Agile Methoden: Agile Methoden, wie zum Beispiel Scrum, Kanban oder Design Thinking, kombinieren verschiedene agile Praktiken zu einem regelbasierten Handlungsrahmen.

4. Priorisieren Sie sodann als Team die agilen Prinzipien: Welche agilen Prinzipien sind für uns in Bezug auf den zu optimierenden Prozess wichtig?
5. Leiten Sie die Konsequenzen für die Durchführung der Prozessdurchläufe und der Prozessoptimierung insgesamt ab: Worauf sollten wir besonders achten?

Zur Durchführung von Schritt 4. können Sie eine einfache Canvas anwenden (siehe Abbildung „Canvas zur Priorisierung agiler Prinzipien"). Mit dieser Canvas können Sie per Klebepunkt-Verfahren schnell ein Meinungsbild einholen und dieses im Nachgang im Team diskutieren. Ergänzen Sie hierzu bei Bedarf weitere wichtige, aus Ihrer Sicht gegebenenfalls relevante agile Prinzipien.

Auf dieser Basis können Sie Prozessdurchläufe besser vorbereiten. Sie können zum Beispiel aus den hier gewonnenen Erkenntnissen eine bessere Rollendefinition vornehmen (siehe Abschnitt 2.2.3 „Wer nimmt welche Rolle für die Prozessoptimierung ein?") und diese gegebenenfalls in Checklisten einfließen lassen (siehe Abschnitt 2.2.5).

Vor allem aber hilft die Priorisierung der agilen Prinzipien bei der späteren Diskussion, ob und welche agilen Praktiken oder Methoden den Prozess weiter optimieren (siehe Abschnitt 2.5 „Optimierte Prozesse entwickeln").

Tipp!

Wir erleben immer wieder, dass Teams unsicher sind, welche agilen Praktiken wirklich für sie geeignet sind. Häufig wird dann auf die wohl bekannteste agile Methode, Scrum, zurückgegriffen. Mitunter wird diese dann an die eigenen Belange angepasst – bevor überhaupt erste Erfahrungen gemacht wurden! Unsere Empfehlung: Beschäftigen Sie sich zunächst mit den agilen Prinzipien und nicht direkt mit den Methoden und Praktiken, wie diese umgesetzt werden können. So vergegenwärtigen Sie sich: Welche heute bei uns wirksamen Prinzipien möchten wir durch welche neuen, agilen Prinzipien ersetzen? So klären Sie, welche Ziele der Einsatz von agilen Ansätzen verfolgt, und können besser entscheiden, welche agilen Praktiken oder Methoden für Sie geeignet sind. Probieren Sie diese dann aus und seien Sie jederzeit bereit, Veränderungen vorzunehmen.

Wie werden die Prozessdurchläufe geplant und vorbereitet?

Im Rahmen des initialen Workshops wurden gemeinsam mit dem Team die Ziele, Outcomes und der Umfang der Prozessoptimierung abgestimmt. Entsprechend kann nun mittels einer Feinplanung die Durchführung der Prozessdurchläufe vorbereitet werden. Im Anschluss erfolgt noch das Training des Teams, bevor die Durchläufe durchgeführt werden.

Erster Schritt der Feinplanung ist die Identifikation der zu sichtenden **Prozessstationen**. Prozessstationen sind Bündel von Aufgaben im Prozess, zu denen ein Ansprechpartner (= Inputgeber) auskunftsfähig ist. Um diese Aufgabenbündel zu identifizieren, sollten Sie, sofern vorhanden, auf Dokumentationen der Ist-Prozesse zurückgreifen. Bestehen entsprechende Übersichten nicht, skizzieren Sie gemeinsam den groben Ablauf sowie die involvierten Organisationseinheiten. Prüfen Sie, welche **Inputgeber** zu welchen Prozessschritten auskunftsfähig sind. Da entlang des Prozesses Verzweigungen erfolgen können, sollten auch diese berücksichtigt werden. Die Inputgeber sollten insgesamt

Canvas zur Priorisierung agiler Prinzipien

Adaption	Workflow	Kommunikation	Organisation	Entwicklung
Wir agieren nach dem Prinzip der fortlaufenden Anpassung unserer Planung und Vorgehensweise an äußere Einflüsse und eigene Erkenntnisse.	Wir agieren nach dem Prinzip, aktiv und fortlaufend die besten Rahmenbedingungen für wertschöpfende Prozesse zu schaffen.	Wir agieren nach dem Prinzip der größtmöglichen Transparenz und Lösungskompetenz durch direkte, dialogische Kommunikation.	Wir agieren nach dem Prinzip der selbstorganisierten Teams.	Wir agieren nach dem Prinzip der Förderung der intrinsischen Motivation aller Beteiligten.
Wir streben nach kontinuierlicher Verbesserung. ●●●●	Wir schaffen Einfachheit durch eine konsequente und nutzenorientierte Priorisierung. ●●●	Wir schaffen Transparenz durch ständige Vermittlung des Kontexts und der Ziele. ●	Wir bilden, wo immer sinnvoll, funktionsübergreifende Teams zur Betrachtung des Ganzen. ●●	Wir streben danach, das Lernen in unserer Organisation zu verstärken und zu verstetigen (beständiges Lernen).
Wir beobachten fortlaufend unser Umfeld und reflektieren vor diesem Hintergrund unser eigenes Vorgehen und Verhalten regelmäßig. ●●●	Wir streben nach Leistung und Qualität durch aus Limitierung entspringender Fokussierung.	Wir schaffen Transparenz durch die Sichtbarmachung von Aufgaben. ●	Wir bilden bevollmächtigte Teams, die entscheiden, wer was wann wie durchführt.	Wir gestalten Prozesse so, dass wir mit dem Kunden lernen. ●●
Wir gehen iterativ, Schritt für Schritt, vor entwickeln unsere Outputs für interne und externe Kunden inkrementell (inkrementelle Auslieferung). ●	Wir schaffen eine nachhaltig hohe Leistung durch Eliminierung von Verschwendung und einen stetigen Arbeitsfluss. ●●	Wir überwinden Hindernisse aktiv und schnellstmöglich durch direkte Kommunikation zwischen den Beteiligten. ●●●	Wir arbeiten auf Basis einer akzeptierten, nicht einer zugewiesenen Verantwortung. ●●	Wir führen entwicklungsorientiert und schaffen die bestmöglichen Rahmenbedingungen für die intrinsische Motivation aller Mitarbeitenden. ●●●●

● Durch das Team platzierte Klebepunkte zur Bestimmung der Relevanz möglichst lückenlos den gesamten Prozess darlegen können und Erfahrungen mit Grenzfällen haben. Grenzfälle sind extreme Ausprägungen innerhalb des Prozesses, wie eine sehr starke Verzögerung von Zulieferungen oder Lastspitzen. So können die Inputgeber auch Auskunft zur Robustheit des Ablaufs geben (siehe Abbildung „Planung der Prozessstationen“).

Erstellen Sie eine Übersicht über die Prozessstationen je Prozess und Variante sowie die Inputgeber. Dies hilft Ihnen bei der anschließenden Terminplanung der Prozessdurchläufe (siehe die Abbildung „Beispielhafte Übersicht Prozessstationen und Inputgeber“).

Ergebnis der Feinplanung ist somit eine Übersicht über

- alle zu sichtenden Prozesse, gegebenenfalls inklusive der Prozessvarianten;
- die Prozessstationen je Prozess, gegebenenfalls wiederum inklusive der Varianten und bekannten Verzweigungen, sowie
- die Inputgeber.

Nutzen Sie den Workshop mit dem gesamten Projektteam, um eine **(Vor-)Planung der Termine** für die Prozessdurchläufe durchzuführen. Diese

Planung der Prozessstationen

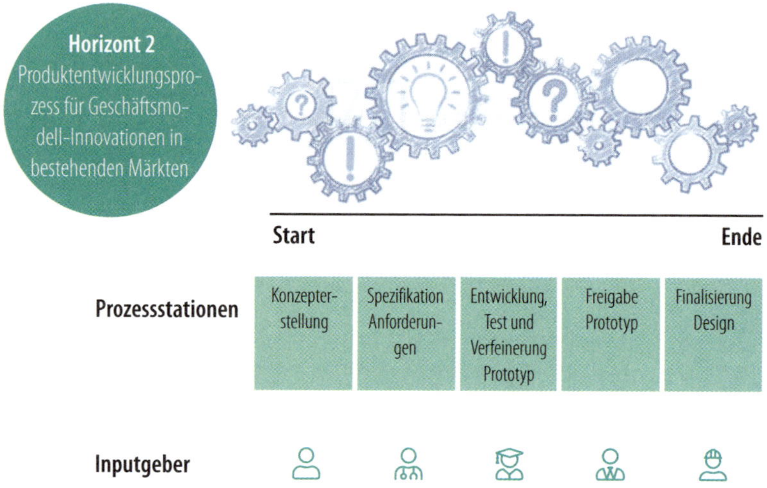

*Eine Prozessstation ist ein Bündel von Aufgaben, die jeweils ein Inputgeber bearbeitet und zu denen er auskunftsfähig ist.

Leitfragen zur Planung der Prozessstationen

- Sind Dokumentationen der Ist-Prozesse vorhanden, auf deren Basis die Prozessstationen bestimmt werden können?
- Falls nein, wie sieht der grobe Prozessablauf aus und welche Organisationseinheiten sind an welchen Stellen im Prozess involviert?
- Wer sind mögliche Inputgeber?
- Zu welchen Prozessschritten sind diese auskunftsfähig?
- Wo gibt es entlang des Prozesses Verzweigungen, die im Prozessdurchlauf zu berücksichtigen sind?
- Welche relevanten Grenzfälle (extreme Ausprägungen im Prozess) gibt es? Wer ist hierzu auskunftsfähig?
- Welche Stationen können vor Ort gesichtet werden?
- Welche Prozessstationen müssen per Videokonferenz eingebunden werden?
- An welchen Stellen im Prozess ist es sinnvoll, Inputgeber einer Prozessstation zu nachgelagerten Stationen „mitzunehmen“?

erleichtert Ihnen die Terminkoordination mit allen Beteiligten. Legen Sie zudem fest, wer im Team die Terminkoordination übernimmt und wie die Inputgeber über das Vorhaben informiert werden.

Im optimalen Fall kann ein Prozess an einem Tag vollständig vor Ort durchlaufen werden. Erfolgt die Bearbeitung des Prozesses jedoch über mehrere Standorte verteilt, ist dies nicht ohne weiteres möglich. In diesen Fällen können die Mitarbeiter an anderen Standorten für den Prozessdurchlauf per Videokonferenz zugeschaltet werden. In wichtigen Fällen kann auch die Reise des Teams oder einzelner Teammitglieder zu anderen Standorten sinnvoll sein. Dies ist bereits bei der Terminplanung zu beachten. Gleiches gilt, wenn Mitarbeiter im Home-Office Prozessstationen bearbeiten. Sofern der Prozessdurchlauf insgesamt digital erfolgen soll, ist zudem die Verwendung eines digitalen Whiteboards angeraten (**siehe hierzu Kapitel 3**., nachfolgend erhalten Sie jeweils für beide Varianten Hinweise zur Durchführung der Prozessdurchläufe).

Beispielhafte Übersicht Prozessstationen und Inputgeber

Prozess: Produktentwicklungsprozess | Variante: Horizont 2 Produktentwicklung für Geschäftsmodell-Innovationen in bestehenden Märkten

Startpunkt	Freigabe der Idee zur Produkt-Innovation für die Konzeptionsphase
Endpunkt	Optimierungsmaßnahmen für das Produkt und den Produktentwicklungsprozess sind abgeleitet

Prozessstationen	Inputgeber	Besonderheiten
Konzepterstellung	Fr. Meyer (Produktmanagement)	Inkl. Freigabe Konzept durch Geschäftsführung
Anforderungsspezifikation	Fr. Meyer (Produktmanagement), Hr. Schmitt (Entwicklung)	
Entwicklung Prototyp	Hr. Schmitt (Entwicklung)	Inkl. Schnittstellen zu externen Dienstleistern
Test und Verfeinerung Prototyp	Fr. Meyer (Produktmanagement) mit Einbindung Hr. Schulze (Marketing), Hr. Schmitt (Entwicklung)	
Freigabe Prototyp	Fr. Meyer (Produktmanagement)	Zusätzliche Freigabe durch Geschäftsführung erforderlich
Finalisierung Design	Fr. Bernd (Produktdesign)	
Planung Vermarktung und Pricing	Hr. Schulze (Marketing) mit Einbindung Fr. Meyer (Produktmanagement)	
Produktion	Hr. Weber (Produktion)	Ungeeignetes Umfeld für Befragung
Markteinführung	Hr. Schulze (Marketing)	
Review und Auswertung	Fr. Meyer (Produktmanagement) mit Einbindung Hr. Schulze (Marketing)	Fokus liegt hierbei nicht nur auf den Verkaufszahlen, sondern auch auf Einholung von Kundenfeedback
Ableitung Optimierungsmaßnahmen	Fr. Meyer (Produktmanagement)	Bezogen auf das neue Produkt selbst, aber auch auf den Produktentwicklungsprozess

Informieren Sie sodann die Inputgeber über das Vorhaben der Prozessoptimierung. Das ist, wie im obigen Exkurs zum Veränderungsmanagement dargestellt, wichtig, damit diese offen Auskunft geben, auf Rückfragen seitens der Optimierer antworten und die späteren Veränderungen mittragen. Neben den aus Sicht des Veränderungsmanagements wichtigen Botschaften sollten Sie ein kurzes Briefing mit den wichtigsten Punkten erstellen: Ziele, Vorgehen, Ansprechpartner. Den Kommunikationsweg zur **Information der Inputgeber** legen Sie gemeinsam im Projektteam im Workshop der Feinplanung beziehungsweise in einem weiteren Workshop zum Veränderungsmanagement fest. Die Kommunikation kann zum Beispiel in Form einer persönlichen Informationsveranstaltung, einer schriftlichen Information oder auf anderen Wegen erfolgen. Geben Sie den Inputgebern und weiteren Mitarbeitern unabhängig vom gewählten Kommunikationsweg die Möglichkeit, Rückfragen zu stellen, und beantworten Sie diese offen und zeitnah (alle aus Sicht der Empfänger relevanten „Informationen" werden so oder so bereitgestellt – entweder durch Sie oder durch den Flurfunk).

Sobald alle Beteiligten informiert sind, beginnen Sie mit der **Terminkoordination der Prozessdurchläufe**. Achten Sie darauf, dass zusammen-

Vorbereitung der Prozessdurchläufe

Planungshilfe zur Vorbereitung der Prozesssdurchläufe

- Briefing erstellen: Ziele, Vorgehen, Ansprechpartner des Vorhabens
- Vorgehen zur Information festlegen: Wer informiert wen? Über welchen Kommunikationsweg? Wann wird informiert?
- Inputgeber informieren (hierbei ggf. Informationskaskade einhalten) z.B. persönliche Informationsveranstaltung, schriftliche Information, Einzelgespräche
- Termine koordinieren, hierbei die richtige Reihenfolge zusammenhängender Prozessstationen beachten
- Materialien beschaffen, z.B. Checklisten, Klemmbretter, Papier und Stifte, Flipchart
- Teamraum organisieren; fester Raum für die Laufzeit des Projekts

hängende Prozessstationen in der richtigen Reihenfolge durchlaufen werden. Es ist wichtig, den Prozess von Anfang bis Ende zu durchlaufen und zu verstehen. Nur so erkennen Sie die Zusammenhänge. Je nach Anzahl der zu sichtenden Prozessstationen und Beteiligten kann die Terminkoordination schnell sehr aufwändig werden. Daher kann es hilfreich sein, mögliche Zeitfenster in Form von festen Tagen für die Prozessdurchläufe vorzugeben und die jeweilige Verfügbarkeit der Inputgeber abzufragen.

Parallel zur Terminkoordination können Sie mit der **Erstellung und Bereitstellung der erforderlichen Materialen** für die Durchführung der Prozessdurchläufe beginnen. Erstellen Sie gemeinsam mit dem Team unterstützende Checklisten für die Prozessdurchläufe. Diese können zum Beispiel Triggerfragen zur Identifizierung von Optimierungspotenzialen oder Kriterien für „gute" Prozesse beinhalten. Bei Bedarf können die Checklisten speziell auf die jeweilige Rolle des Optimierers, die dieser während der Durchläufe einnimmt, ausgerichtet werden (weitere Erläuterungen hierzu finden Sie unten). Organisieren Sie Klemmbretter, Papier und Stifte zur Verfassung von Notizen während des Durchlaufs.

Vergessen Sie nicht, einen **Teamraum** zu organisieren (real und virtuell), denn das Projektteam benötigt einen Raum für die gemeinsame Arbeit. Dort erfolgt nach jedem Prozessdurchlauf ein gemeinsames Debriefing, in dem die Erkenntnisse und ersten Eindrücke im Team zusammengetragen werden. Mit Hilfe von Flipcharts und Metaplankarten können der Prozessablauf und identifizierte Optimierungspotenziale für das gesamte Team sichtbar dokumentiert werden. Später im Optimierungsworkshop kann das Team hierauf zurückgreifen.

In der Abbildung „Vorbereitung der Prozessdurchläufe" finden Sie eine kleine Planungshilfe zur Vorbereitung der Prozessdurchläufe.

Bevor Sie aber mit dem ersten Prozessdurchlauf starten, sollten Sie die Optimierer in der Methode der agilen Prozessoptimierung **schulen**, die Rollen klären und das Team für Probleme und Optimierungspotenziale sensibilisieren.

Erfahrungswerte der Durchführung von Prozessdurchläufen

Die folgenden Angaben basieren auf Erfahrungen, die wir im Einsatz mit der Methode gesammelt haben. Sie sollen Ihnen Richtwerte für die Planung und Durchführung einer Agilen Prozessoptimierung an die Hand geben. Da die Komplexität der Prozesse sowie der Zuschnitt der einzelnen Prozessstationen stark variieren können, sollten Sie sie auf Basis Ihrer eigenen Erfahrungen anpassen.

Wie viel Zeit sollte pro Prozessstation eingeplant werden?

- Um ausreichend Einblicke in die einzelnen Prozessschritte zu erhalten und mögliche Hindernisse, Probleme und Fehler identifizieren zu können, sollten Sie mindestens 20 Minuten je Station einplanen
- Damit Sie sich beim Durchlauf nicht zu sehr in Details verlieren, sollten Sie nicht mehr als 60 Minuten bei einer Station verbringen
- In Ausnahmefällen, zum Beispiel bei sehr komplexen Prozessschritten, können es auch mal 90 Minuten sein
- Rechnen Sie daher bei Ihrer Planung im Durchschnitt mit einer Dauer von circa 40 Minuten je Prozessstation
- Diese Angaben gelten sowohl für die Durchführung der Prozessdurchläufe vor Ort als auch für virtuelle Prozessdurchläufe

Wie viele Prozessstationen können an einem Tag durchlaufen werden?

- Wie beschrieben: Je nach Umfang der Prozessstation sollten Sie 20 bis 60 Minuten je Station einplanen
- Vergessen Sie nicht, Pausen und etwas Zeit für den Raumwechsel zwischen den Stationen einzuplanen
- Außerdem sollten Sie noch 45 Minuten für das an den Durchlauf anschließende Debriefing einplanen
- In der Praxis hat es sich bewährt, nicht mehr als acht Stationen pro Tag zu durchlaufen
- Sofern Sie einzelne Prozessstationen per Videokonferenz erfassen, müssen Sie mit Rüstzeiten bei der Einrichtung der Konferenz rechnen und sollten die Gesamtanzahl der Prozessstationen eher niedriger ansetzen

- Bei einer vollständig virtuellen Durchführung des Prozessdurchlaufs hat es sich bewährt, die Dauer auf rund zweieinhalb Stunden zu begrenzen
- Entsprechend ist ein Prozessdurchlauf auf mehrere Tage aufzuteilen und das Debriefing erfolgt nach der letzten Prozessstation, nicht nach jeder einzelnen Session

Wie viele Personen sollten an dem Prozessdurchlauf teilnehmen?

- Um den Prozess aus verschiedenen Perspektiven betrachten zu können, sollten neben dem Teamleiter/Moderator mindestens drei weitere Teammitglieder (Optimierer) am Prozessdurchlauf teilnehmen
- Achten Sie bei der Teambesetzung darauf, dass nicht zu viele Rollen mit unterschiedlichen Perspektiven in einer Person vereint sind, sodass sich die Optimierer bei den Prozessdurchläufen auf ihre jeweilige(n) Perspektive(n) fokussieren können
- Sowohl bei Prozessdurchläufen vor Ort als auch in der virtuellen Variante sollte das Team nicht zu groß sein. Vor Ort ergeben sich allein aufgrund der räumlichen Gegebenheiten Restriktionen. Unsere Empfehlung: Das Team der Optimierer sollte die Anzahl von acht nicht überschreiten.

Zusammenfassung: Vorgehen Feinplanung der Agilen Prozessoptimierung

Team ist ausgewählt →

1. Projektteam kennenlernen und Auftrag klären	Beginnen Sie die Feinplanung mit einem gemeinsamen Kickoff-Workshop mit dem Projektteam, in dem Auftrag, Aufgaben und Erwartungen an das Projektteam besprochen werden
2. Ziele vorstellen und Outcomes erarbeiten	Binden Sie das Projektteam von Anfang an in das Vorhaben ein, indem Sie gemeinsam im Rahmen des Kickoff-Workshops die Ziele in Form angestrebter Outcomes (= angestrebte Wirkung der Prozessoptimierung) konkretisieren; Sie schaffen somit Transparenz und Akzeptanz für die eigenverantwortliche Durchführung der Agilen Prozessoptimierung
3. Umfang der Prozessoptimierung konkretisieren und priorisieren	Erarbeiten Sie gemeinsam mit dem Projektteam den genauen Umfang des oder der zu sichtenden Prozesse inkl. Start-und Endpunkt auf Basis des bereits vorab definierten Umfangs; priorisieren Sie bei Bedarf mit dem Team die Prozesse und/oder Varianten (zum Beispiel unter Anwendung des Pareto-Prinzips)
4. Ggf. agile Prinzipien priorisieren	Prüfen Sie bei Bedarf zur Steigerung der Agilität Ihrer Abläufe, welche heutigen Prinzipien Ihr Handeln leiten und durch welche agilen Prinzipien diese ersetzt oder erweitert werden sollen; priorisieren Sie diese (zum Beispiel mittels Klebepunkte-Verfahren und der Canvas zur Priorisierung agiler Prinzipien) und leiten Sie die Konsequenzen für die Prozessoptimierung ab
5. Prozessstationen und Inputgeber identifizieren	Identifizieren Sie je Prozess die zu sichtenden Prozessstationen und Inputgeber, die hierzu auskunftsfähig sind: a. Nutzen Sie hierfür nach Möglichkeit bestehende Dokumentationen der Ist-Prozesse b. Alternativ können Sie gemeinsam mit dem Projektteam den groben Ablauf der Prozesse skizzieren Beachten Sie hierbei auch mögliche Verzweigungen entlang des Prozesses und relevante Grenzfälle
6. Übersicht Prozessstationen und Inputgeber erstellen	Erstellen Sie je Prozess und Variante eine Übersicht über die zu sichtenden Prozessstationen und die zu befragenden Inputgeber; so erhalten Sie als Ergebnis eine Übersicht über alle zu sichtenden Prozesse und Varianten sowie über die jeweiligen Prozessstationen und Inputgeber als Basis für die Terminplanung
7. Prozessdurchläufe terminieren	Planen Sie gemeinsam im Projektteam die Termine zur Durchführung der Prozessdurchläufe und beachten Sie hierbei, welche Stationen vor Ort oder digital per Videokonferenz gesichtet werden können; die Terminkoordinierung mit den Inputgebern kann im Anschluss durch ein Teammitglied erfolgen
8. Inputgeber informieren und Prozessdurchläufe organisieren	Legen Sie gemeinsam im Team fest, wie und durch wen die Inputgeber über das Vorhaben informiert werden, erstellen Sie ein kurzes Briefing und informieren Sie die Inputgeber möglichst zeitnah; beginnen Sie anschließend mit der Terminkoordination, der Organisation der Prozessdurchläufe (Raum, Klemmbretter, Einrichtung digitales Whiteboard etc.) und der Erstellung erforderlicher Materialien (zum Beispiel Checklisten zur Durchführung)

Nachdem die Feinplanung abgeschlossen ist, **schulen Sie die Optimierer in der Methode der Agilen Prozessoptimierung**

2.2.2 Vorbereitung des Projektteams auf die Durchführung der Agilen Prozessoptimierung

1
Ziele Ihrer Agilen Prozessoptimierung festlegen
Umfang der Agilen Prozessoptimierung bestimmen
Beteiligte an der Agilen Prozessoptimierung auswählen

2
Das Team für die Agile Prozessoptimierung einbinden und die Feinplanung durchführen
Das Team trainieren
Die Rollen im Team klären
Die Erhebung von Mengengerüsten und Zeiten planen
Das Team bei der Durchführung der Prozessdurchläufe unterstützen

3
Prozessdurchläufe durchführen

4
Prozessdurchläufe dokumentieren

5
Optimierte Prozesse entwickeln

6
Maßnahmen zur Umsetzung planen und durchführen

Welche Informationen benötigt das Projektteam vor dem Prozessdurchlauf?

Neben der organisatorischen Vorbereitung der Prozessdurchläufe sollten Sie die Teammitglieder auch inhaltlich auf die Durchführung der Prozessdurchläufe vorbereiten. Führen Sie die Teammitglieder ausführlich in die **Methode** und das Vorgehen der Agilen Prozessoptimierung ein. Als Optimierer sollten die Teammitglieder zudem über wichtiges **Basiswissen der Prozessoptimierung** verfügen. Dieses können Sie im Rahmen einer Schulung vermitteln. Gehen Sie hierbei auf folgende Fragestellungen ein:

- Worauf ist bei der Bewertung der aktuellen Abläufe zu achten?
- Welche Eigenschaften zeichnen gute Prozesse aus?
- Welche Ansätze zur Prozessoptimierung gibt es?
- Worauf sollte bei der Kommunikation mit den Inputgebern geachtet werden?

Nehmen Sie sich Zeit, um dem Projektteam diese Inhalte zu vermitteln. Sie bilden eine wichtige Basis für den Erfolg des Projekts, da nicht alle Teammitglieder Prozessexperten sind. Nachfolgend finden Sie entsprechend zu jeder der Fragen inhaltlichen Input. Sie können diesen für Ihre Agile Prozessoptimierung verwenden, ihn aber auch durch eigene Inhalte ersetzen oder ergänzen. Sie arbeiten zum Beispiel nach Lean-Management-Prinzipien? Dann sollten Sie diese im Training gegebenenfalls auffrischen.

Worauf ist bei der Bewertung der aktuellen Abläufe zu achten?

Viele Faktoren beeinflussen die Prozessqualität. Daher sollten die Optimierer mit den für den jeweiligen Fall relevanten Faktoren vertraut gemacht werden. Diese reichen von den funktionalen Rahmenbedingungen über die strukturellen Gegebenheiten bis zu kulturellen Faktoren. Auf Basis der folgenden Punkte können Sie dem Projektteam vermitteln, welches typische Ursachen und Indikatoren für nicht optimale Abläufe sind. Prüfen Sie jeweils vor Durchführung des Teamtrainings, welche der nachfolgend angeführten Aspekte eine Rolle spielen sollen.

Funktionale Rahmenbedingungen

Arbeitsplatz- und Raumgestaltung

In der Produktion, bei der Erbringung von Dienstleistungen und in der Bürotätigkeit hat die Gestaltung der Arbeitsräume und der einzelnen Arbeitsplätze einen Einfluss auf die Prozesse. So ist die Intensität der Kommunikation zwischen Menschen abhängig von der physischen Entfernung und der gegenseitigen Erreichbarkeit. Der große Vorteil von Prozessdurchläufen vor Ort ist, dass diese und weitere

Schulung des Projektteams

- Einführung in die **Methode** und das Vorgehen der Agilen Prozessoptimierung
- Vermittlung von **Basiswissen der Prozessoptimierung** wie Anforderungen an gute Prozesse
- Aufzeigen möglicher **Ansätze der Prozessoptimierung**
- Sensibilisierung für die **Kommunikation mit den Inputgebern**
- **Klärung der Rollen** bzw. verschiedenen Perspektiven, die die Optimierer bei der Prozessoptimierung einnehmen

Faktoren direkt wahrgenommen und im Hinblick auf ihre geeignete Gestaltung für einen optimalen Prozess bewertet werden können:

- Ergonomie der Arbeitsplätze und der Arbeitsflächen
- Möglichkeiten der Kommunikation
- Anordnung der Arbeits- und Funktionsräume in der Fläche
- Anordnung und Erreichbarkeit der Arbeitsmittel

Insbesondere bei Dienstleistungen sind aufgrund der direkten Einbeziehung der Kunden in die Prozesse der Leistungserbringung zudem die folgenden Faktoren relevant:

- Ambientefaktoren wie Luftqualität, Geräuschpegel, Geruch/olfaktorische Komponenten
- Designfaktoren wie Bedienungs- und Sitzkomfort, Hinweisschilder, Erscheinungsbild der Mitarbeiter (zum Beispiel Erkennbarkeit für den Kunden)
- Soziale Faktoren wie Anzahl und Verhalten der Kunden und der Mitarbeiter

Logistik und Instandhaltung

Selbstverständlich kann sich Ihre Agile Prozessoptimierung direkt auf die Optimierung von Logistik- oder Instandhaltungsprozessen beziehen. Aber auch für andere Prozesse können Logistik und Instandhaltung eine entscheidende Rolle spielen. Insbesondere in der Produktion müssen die Verfügbarkeit und die Erreichbarkeit von Roh-, Hilfs- und Betriebsstoffen für optimale Prozesse exzellent gelöst sein. Und auch die Maschinenverfügbarkeit spielt eine zentrale Rolle.

IT-Unterstützung

Dass die IT-Unterstützung eines Prozesses für dessen Effektivität und Effizienz entscheidend sein kann, liegt auf der Hand. Hierbei kommt es auf die Verfügbarkeit geeigneter funktionaler Unterstützung und der erforderlichen Daten ebenso wie auf die Ergonomie der Lösungen an. Im Rahmen von Prozessdurchläufen muss daher in der Regel die Güte der IT-Unterstützung mitbetrachtet werden. Die hierbei erarbeiteten Optimierungsansätze bedürfen wiederum häufig Veränderungen an den Systemen und/oder der Systemlandschaft, zum Beispiel neue oder erweiterte Schnittstellen. Die Beteiligung der IT an einer Agilen Prozessoptimierung ist daher häufig vorteilhaft, mitunter zwingend erforderlich. Dies gilt zum Beispiel, wenn mit Hilfe der Agilen Prozessoptimierung künftige Anforderungen an die Systeme und die Systemlandschaft erarbeitet werden sollen.

Weitere Werkzeuge

Neben IT-Systemen unterstützen weitere Werkzeuge die Prozessdurchführung. Sei es das physische Werkzeug in der Produktion oder ein Formular zur Informationsübermittlung: Die Verfügbarkeit, Qualität und Gestaltung der weiteren Werkzeuge sollte gegebenenfalls im Rahmen der Prozessdurchläufe betrachtet werden.

Verfahren, Methoden und Artefakte

Ähnlich wie Werkzeuge können auch Verfahren und Methoden zur Steigerung der Effektivität und Effizienz der Arbeitsschritte sowie des Prozesses insgesamt eingesetzt werden. Dies können einfache Checklisten, Methoden der Arbeitsorganisation und vieles mehr sein. So auch agile Praktiken wie die Durchführung eines Sprint Planning (Abstimmung der in der folgenden Zeitperiode zu entwickelnden Produktfeatures) oder eines Sprint Reviews (Sichtung der in der aktuellen Zeitperiode erstellten Produktfeatures durch das Team und die Stakeholder).

Organisatorische Rahmenbedingungen und Prozessgestaltung

Fehlende Prozessdefinition

Ein gut gestalteter Soll-Prozess ist die Basis für effektive und effiziente Abläufe in der Realität. Ein Soll-Prozess kann informell entstanden sein und gelebt werden. Er kann auch formell erarbeitet und dokumentiert vorliegen. So oder so: Ohne eine entsprechende Vorstellung über den Soll-Prozess im Bewusstsein aller Beteiligter werden fehlende Abstimmungen und Missverständnisse zu Ineffizienz führen. Entsprechend sollte immer geprüft werden, ob eine gemeinsame Vorstellung über den Soll-Prozess besteht.

Fehlende Klarheit der Verantwortlichkeiten

Mitunter fehlt es an einer klaren Zuweisung von Aufgaben, Verantwortlichkeiten und Entscheidungsbefugnissen. Sind diese nicht eindeutig zugeordnet, kommt es zu Unsicherheiten, eigentlich überflüssigen Nachfragen und im schlimmsten Fall zu Blockaden. Dies kann auch der Fall sein, wenn die Verantwortlichkeiten nicht mit den erforderlichen Entscheidungsbefugnissen einhergehen. Ein Mitarbeiter im Kundenservice soll zum Beispiel die Verantwortung für die Kundenzufriedenheit mit den Serviceprozessen tragen? Er hat aber keinerlei Entscheidungskompetenzen zur Bearbeitung und Klärung von Beschwerden? Dann ist mit überhöhten Prozesskosten und schlechter Bewertung des Prozesses durch die Kunden zu rechnen!

Aber auch klare Verantwortlichkeiten und Entscheidungsbefugnisse führen nicht automatisch zu einem effektiven und effizienten Prozess. Dies ist erst der Fall, wenn die Verantwortlichkeiten und Entscheidungsbefugnisse dem Soll-Prozess entsprechen und dieser gut designt ist. Entsprechend sollte geprüft werden, ob Verantwortlichkeiten und Entscheidungsbefugnisse klar und passend zugeordnet sind.

Fehlende Transparenz

Entlang der verschiedenen Prozessstationen ist oftmals nicht transparent, welche Auswirkungen das eigene Handeln oder Nicht-Handeln an anderen Stellen hat. Die mangelnde Transparenz über die Zusammenhänge zwischen einzelnen Prozessschritten führt leicht zu einem ungünstigen Verhalten der Mitarbeitenden und vermeidbarem Mehraufwand, der jedoch nicht erkannt oder ignoriert wird. Daher ist zu prüfen, wie transparent der Prozessablauf für die Beteiligten ist, ob die Anforderungen späterer Prozessschritte bekannt sind und ob Transparenz systematisch herbeigeführt wird.

Keine Process-Ownership

Unsere Erfahrung ist, dass einzelne Bereiche und Abteilungen meist nur den von ihnen verantworteten Ausschnitt des Gesamtprozesses betrachten. Soll dieser optimiert werden, geht das häufig zu Lasten der Anschlussfähigkeit an vor- und nachgelagerte Bereiche entlang des Prozesses. Fragen Sie zum Beispiel Mitarbeiter in einer Abteilung nach Optimierungsansätzen, ist eine häufige Antwort: „Wenn die Nachbarabteilung diese oder jene Aufgabe übernehmen würde, wäre dies eine große Verbesserung!" Leider zumeist nur für die eine Abteilung, die unliebsame Aufgaben abgeben möchte. Mitunter möchte man auch Aufgaben aus anderen Bereichen übernehmen, da diese dort nach eigener Einschätzung nicht ausreichend gut ausgeführt werden. Welche positiven Auswirkungen dies auf die Qualität haben wird, bleibt aber oftmals unklar. Für bereichsübergreifende Prozesse sollte daher ein Prozessverantwortlicher Defizite systematisch aufspüren, neue Ansätze entwickeln und die Kompetenz für deren Umsetzung besitzen. So steht statt Teiloptimierungen ein Gesamtoptimum im Fokus. Dies ist wichtig, da verschiedene Teiloptima nur zufällig – und somit in der Realität gar nicht – zu einem Gesamtoptimum führen. Zu prüfen ist daher, wie der Gesamtprozess gemanagt wird.

Verhalten

Vermeintliche Notwendigkeiten

Wo die Komplexität des Geschäfts und der Abläufe als gegeben akzeptiert oder nicht hinterfragt wird, wird kaum Handlungsspielraum für Verbesserungen gesehen. Dies zeigt sich in Äußerungen wie „Der Chef erwartet das" oder „Unsere Konkurrenz bietet das auch so an" oder „Ohne diese Zugeständnisse wäre es nicht machbar gewesen". Und gipfelt in der (allseits beliebten) Formulierung „Das haben wir schon immer so gemacht". Eine der Hauptaufgaben der Optimierer ist, diese vermeintlichen Notwendigkeiten, vorauseilende Gehorsamkeiten und Betriebsblindheiten aktiv zu hinterfragen.

Ausnahmen bilden die Regel

In manchen Unternehmenskulturen richten sich Prozesse stark an Ausnahmen aus. So sollen zum Beispiel Risiken vermieden oder extreme Fälle abgedeckt werden. Das Ergebnis kann sein, dass die Regelfälle durch einen zu komplexen, teuren, langsamen, bürokratischen Prozess geschleift werden. Die Agile Prozessoptimierung sollte diese aufdecken und zum Beispiel schlankere oder differenzierte Ansätze entwickeln. Oftmals können mit der Einrichtung von „Fast Lanes" oder „Risk Lanes" Sicherheitsanforderungen und Effizienzanforderungen unter einen Hut gebracht werden.

Wertschöpfungsblindheit

Es ist nicht zu erwarten, dass alle am Prozess Beteiligten ihr Verhalten auf maximale Wertschöpfung ausrichten. Umso wichtiger ist es, dass in der Agilen Prozessoptimierung der Blick auf die wahren Erfolgsfaktoren für hohe Prozess- und Ergebnisqualität gerichtet wird. Es sollte also hinterfragt werden, ob alle Aktivitäten auf größtmögliche Nutzengenerierung beim Kunden ausgerichtet sind.

Fähigkeiten und Fertigkeiten der Prozessausführenden

Fehlende fachliche Qualifikation

Wenn die Prozessausführenden nicht über die notwendigen Fähigkeiten und Fertigkeiten verfügen, kann der Prozess nur suboptimal ausgeführt werden. Dies sollte nicht als Problem des einzelnen Mitarbeiters gesehen werden: Im Rahmen von Übergaben geht regelmäßig Wissen verloren, Anwendungskenntnisse auch zu den wichtigsten Systemen werden nicht immer ausreichend aufgebaut und gepflegt, der Austausch individuellen Wissens und die Überführung in institutionelle Fähigkeiten wird nicht immer gefördert – und so weiter. Das Optimierer-Team sollte also in aller Regel prüfen, ob Probleme bei den fachlichen Fähigkeiten bestehen.

Mangelnde prozessorientierte Personalentwicklung

Auch wenn die Prozessbeteiligten Top-Fachleute in ihren Bereichen sind: Mitunter sind die Prozessausführenden nicht umfassend in den zur Prozessausführung erforderlichen Methoden, Systemen und Tools geschult, was zu Fehlern und unnötigen Schleifen im Prozess führt. Dies gilt auch, wenn das Wissen über den Soll-Prozess nicht ausreichend aufgebaut wurde. Dies wird zumeist bereits offenbar, wenn das Team der Optimierer sich über den Prozess vom Start- bis zum Endpunkt austauscht. Dennoch ist dies ein weiterer möglicherweise wichtiger Prüfpunkt bei der Durchführung der Prozessdurchläufe.

Kultur und Einstellung

Wir sind alle nur Menschen

Sicher kennen Sie das auch: Es gibt Aufgaben, die gehen wir selbst nur sehr ungern an. Anderen hingegen gehen diese Aufgaben leicht von der Hand. Solch persönliche Vorlieben, aber auch unterschiedliche Kompetenzniveaus und vor allem Angewohnheiten beeinflussen die tatsächlichen Arbeitsabläufe. Dies trifft auch auf Workarounds, also Behelfslösungen, zu. Ähnlich wie Trampelpfade in Parkanlagen zu Abkürzungen führen, können diese Behelfslösungen nachhaltig Bestand haben – unabhängig davon, ob ihre Effekte auf den Gesamtprozess positiv oder negativ sind. Daher sollten die Optimierer bei der Durchführung der Prozessdurchläufe diesen Aspekt beachten. Denn häufig haben sich die Prozessbeteiligten an die „Trampelpfade" in den Abläufen gewöhnt und erkennen die Nachteile hieraus nicht oder nicht mehr.

Fehlende Motivation zur Veränderung

Was meinen Sie? Wie viele der Ideen, die Mitarbeiter in Unternehmen zur Verbesserung von Prozessen oder Strukturen haben, werden je geäußert? Wir stellen diese Frage regelmäßig in Seminaren zur Optimierung des Prozess- und des Organisationsdesigns. Die Teilnehmer einigten sich bislang ausnahmslos auf eine Größenordnung zwischen fünf und zehn Prozent. Das würde mindestens 90 Prozent verschütteten Ideen entsprechen! Ideen, die nicht mal ausgesprochen werden. Und auch wenn wir davon ausgehen, dass viele dieser Ideen letztlich keine guten oder praktikablen Ideen sind, ist dies eine ungeheure Verschwendung des kreativen Potenzials zur Optimierung. Viele Veränderungen und Optimierungen scheitern also bereits im Ansatz. Und viele weitere danach: Besitzstände sollen gewahrt bleiben, Machtsphären nicht angetastet werden, Ängste zum Beispiel vor einseitigem Kostendenken und Stellenabbau sind große Hindernisse. Die Haltung der Optimierer zu Veränderungen ist bei einer Agilen Prozessoptimierung ein wesentlicher Erfolgsfaktor. Hilfreich kann folgender Leitsatz sein: „Der aktuelle Prozess ist immer der schlechteste." Dieser drückt treffend aus, dass der Prozess immer verbessert werden kann. Sie sollten ihn aber auch als Aufforderung auffassen, den angestrebten Nutzen immer im Blick zu haben.

Jede Ressource findet ihre Aufgabe

Nehmen wir einmal an, dass eine Abteilung mehr Mitarbeiter hat, als zur Bearbeitung der anstehenden Aufgaben erforderlich wären. Können wir erwarten, dass diese Abteilung den Überhang an Mitarbeitern eigenständig klar benennt und auf das Abstellen dieses Zustands drängt? Oder sollten wir damit rechnen, dass die Mitarbeiter in dieser Abteilung Wege finden, die Arbeitslast an die Ressourcenausstattung anzunähern? Zum Beispiel durch wenig oder gar nicht wertschöpfende ergänzende Aufgaben? Letzteres ist zumindest nicht auszuschließen (siehe auch der Punkt „Wertschöpfungsblindheit" oben).

Nachdem Sie Ihrem Team im Rahmen des Trainings die möglichen Hindernisse sowie die Problem- und Fehlerquellen vermittelt haben, richten Sie den Blick darauf, was gute Prozesse auszeichnet.

Welche Eigenschaften zeichnen gute Prozesse aus und welche Ansätze zur Prozessoptimierung gibt es?

Das „magische Dreieck" aus Kosten, Zeit und Qualität bildet einen geeigneten Rahmen für das Design gut funktionierender Prozesse. Wie schwer es ist, alle drei Faktoren gleichzeitig zu erreichen, wissen wir alle. Um möglichst gute Prozesse zu erreichen, müssen daher folgende Faktoren zusammenkommen:

- Der **Gesamtprozess** muss gut gestaltet sein
- Die einzelnen **Arbeitsschritte** im Prozess müssen fehlerfrei ausgeführt werden
- Die **Übergaben** der im Prozess bearbeiteten Vorgänge von einer Prozessstation zur nächsten müssen reibungslos funktionieren

Vermitteln Sie dem Team der Optimierer, welche Punkte im Einzelnen zu beachten sind. Sie können diese wiederum passend zu Ihrer Herausforderung aus den nachfolgend aufgeführten Punkten auswählen und diese in das Teamtraining aufnehmen.

Gestaltung des Gesamtprozesses

Klare Prozessdefinition

Eine klare Prozessdefinition zeichnet sich u.a. aus durch:

- Eine umfassende Betrachtung und Beschreibung des Prozesses vom Start- bis zum Endpunkt

- Die Orientierung am Regelfall bei Berücksichtigung kritischer und/oder häufiger Ausnahmefälle („Edge Cases")
- Eine pragmatische, leicht nachvollziehbare Beschreibung des angestrebten Soll-Prozesses
- Eine prozessorientierte Beschreibung der zu bearbeitenden Aufgaben, diese sollte, wo erforderlich, die Frage „Welcher Bearbeitungsstand muss vor Weiterleitung an die nachfolgende Prozessstation erreicht sein?" beantworten
- Angemessene Präzision, um an entscheidenden Stellen des Prozesses eine ausreichende Orientierungshilfe bieten; kritische Stellen im Prozess sind Entscheidungen zur Klärung des weiteren Prozessverlaufs (Bedingungen, Verzweigungen), bereichsübergreifende Übergabestellen und die Zusammenführung von Verzweigungen
- Nicht zu detailliert sein, um den Ausführenden ausreichenden Spielraum zu bieten und eine zu rigide Handhabung des Prozesses zu meiden

Wichtig ist zudem, dass die Prozessdefinition allen Beteiligten bekannt ist und regelmäßig geprüft und optimiert wird.

Agile Tipp!

Verankern Sie regelmäßige Retrospektiven in Ihren Prozessen. So stellen Sie sicher, dass die Prozessbeteiligten ihr Vorgehen und ihre Zusammenarbeit fortlaufend reflektieren und optimieren. Optimalerweise erfolgt dies bereichsübergreifend. Dies kann Reibungsverluste an Übergabepunkten deutlich reduzieren.

Klare Rollenverteilung

Die Prozessdefinition legt die Aufgaben oder die Verantwortlichkeiten je Prozessstation oder je Arbeitsschritt fest. Zudem sollten die für den Prozess relevanten Rechte definiert und transparent sein:

- das Recht, Weisungen zu erteilen,
- das Recht, Entscheidungen zu treffen,
- das Recht, in Entscheidungen eingebunden zu sein,
- Veto-Rechte,
- Vorschlagsrechte,
- Rechte der Durchführung und
- Rechte der Informationsbeschaffung.

Für umfassende Rollenbeschreibungen sollten schließlich die mit den Rechten einhergehenden Pflichten geklärt sein:

- die Pflicht, Aktivitäten auszuführen,
- die Pflicht, andere zu konsultieren, einzubinden und/oder zu informieren,
- die Pflicht, zu dokumentieren,
- die Pflicht zur Prüfung,
- die Pflicht zur Optimierung,
- usw.

Agile Tipp!

Verankern Sie regelmäßige „Governance Meetings" in Ihren Prozessen. In diesen prüfen und optimieren die Prozessbeteiligten die für den Prozess relevanten Rollendefinitionen. Rollen können in diesen Meetings neu geschaffen, modifiziert oder auch abgeschafft werden. Sie folgen diesem Ablauf:

- **Jeder Teilnehmer kann eine Spannung im Prozess (also ein Problem, ein Hindernis, eine Verbesserungsoption) sowie einen Vorschlag zur Veränderung einbringen**
- **Der Vorschlag wird erläutert**
- **Verständnisfragen zum Vorschlag und der zugrunde liegenden Spannung werden geklärt**

- Reaktionen auf den Vorschlag durch jeden Meeting-Teilnehmer werden eingeholt
- Der Einbringende des Vorschlags kann auf Basis der Reaktionen Aspekte seines Vorschlags erklären und/oder diesen erweitern oder modifizieren
- In einer Einwandrunde wird jeder Teilnehmer gefragt, inwiefern die Umsetzung des Vorschlags nachteilhaft für den Prozess wäre
- Sofern keine Einwände bestehen, ist der Vorschlag angenommen
- Sofern Einwände genannt werden, werden diese in einer Integrationsrunde nacheinander behandelt. Es wird besprochen, wie der Vorschlag so angepasst werden kann, dass dessen Intention erreicht wird, der Einwand aber nicht länger besteht
- Gelingt dies, wird der nächste Einwand behandelt
- Nachdem alle Einwände behandelt sind, erfolgt eine weitere Einwandsrunde im Hinblick auf den modifizierten Vorschlag
- Sofern keine Einwände mehr bestehen, ist der Vorschlag angenommen

Auf diesem Weg kann die Zuordnung von Verantwortlichkeiten, Rechten und Pflichten fortlaufend optimiert werden.

Geringer Kommunikationsbedarf

Bei Innovationsprozessen und zur Lösung schlecht strukturierter Probleme ist eine umfassende, mitunter auch „chaotische" Kommunikation förderlich. Bei anderen Prozessarten sollte nicht-wertschöpfende Kommunikation jedoch vermieden werden. Die Einhaltung der oben aufgeführten Punkte „klare Prozessdefinition" und „klare Rollenverteilung" leisten hierzu bereits wichtige Beiträge. Weiterhin sollten Prozesse so gestaltet sein, dass:

- der Gesamtprozess einen geeigneten Zuschnitt hinsichtlich der Prozessstationen und somit der Übergabepunkte aufweist. Die einzelnen Prozessstationen sollten angemessen viele Bearbeitungsschritte umfassen, denn zahlreiche kleinteilige Prozessstationen gehen mit vielen Schnittstellen und somit tendenziell höherem Abstimmungsbedarf einher. Zu wenige Prozessstationen führen dazu, dass die einzelnen Bearbeiter ein zu breites Kompetenzspektrum abdecken müssen. Dies steigert die Fehlerquote und somit wiederum den Abstimmungsbedarf und die Gesamt-Prozesskosten
- möglichst wenige Rückfragen bei der Bearbeitung der einzelnen Vorgänge erforderlich sind
- keine reziproken Abläufe erfolgen (kein „Ping-Pong", also mehrfaches Hin- und Herwandern eines Vorgangs zwischen zwei Abteilungen).
- in nicht geregelten Ausnahmefällen schnell und einfach Entscheidungen über das Vorgehen getroffen werden können.
- jeder Prozessschritt in seiner Standardausprägung möglichst wenig Abstimmungsbedarf auslöst.

Agile Tipp

In agilen Settings werden wiederkehrende Meetings in einer Time Box durchgeführt. Wenn ein Meeting für 30 Minuten angesetzt ist, wird es unabhängig vom erreichten Stand auch nach einer halben Stunde beendet. So gewöhnen sich alle Teilnehmer an den verfügbaren Zeitrahmen. Die Erfahrung zeigt, dass die Teams nach kurzer Eingewöhnung mittels präziserer Kommunikation in kürzerer Zeit ihre Abstimmung schaffen.

Und auch die Zeit zwischen den Abstimmungen wird kurz gehalten. Tägliche Stehmeetings von 15 Minuten Dauer reichen agilen Teams für die tägliche Koordination. Wenn jedes Teammitglied im Laufe des Tages aufgrund der Abstimmung mindestens 16 Minuten Zeit spart, hat es sich schon gelohnt. Da eine einzelne Unterbrechung eines Arbeitsvorgangs für den Bearbeiter in der Regel mehrere Minuten Zusatzaufwand bedeutet, ist diese Schwelle schnell erreicht!

Umfassendes Know-how zum Prozessablauf

Wo zur korrekten Ausführung einzelner Arbeitsschritte erforderliches Wissen fehlt, steigen die Prozesskosten. Denn es müssen eigentlich unnötige Nachfragen erfolgen oder Fehler in Kauf genommen werden. Gleiches gilt auch für fehlende Kenntnisse über den Soll-Prozess. Die Prozessbeteiligten müssen für optimale Prozesse daher über

- die erforderlichen Fachkenntnisse,
- die notwendigen Vorgehens- und Prozesskenntnisse inklusive der gültigen Richtlinien und Regeln mindestens für die Standardfälle sowie
- die nötigen Fähigkeiten zur Anwendung aller Tools und Verfahren

verfügen. Weiterhin müssen die Ansprechpartner und Entscheidungswege bekannt sein. Zudem sind einfach zugängliche und anwendbare Informationen für Ausnahmefälle förderlich.

Agile Tipp!

Agile Teams legen sehr viel Wert auf Transparenz. Der Aufbau von Wissensmonopolen wird nicht geduldet.

Praktikable Standards und Regeln

Standards und Regeln legen vorab fest, welches Verhalten in welchen Fällen erfolgen soll. So reduzieren sie die Komplexität – wenn sie sachrichtig und sinnvoll gestaltet sind. Ist dies nicht der Fall, können sie die Komplexität und die Prozessaufwände jedoch erhöhen. Achten Sie daher auf die **Regelungsbreite** je Prozess: Wie viele Standards und Regeln gelten? Wo wären mehr Standards angebracht, weil aktuell zu viel „Kunsthandwerk" betrieben wird, die Dinge also immer wieder neu erfunden werden ohne Mehrwert zu generieren? Wo wären mehr Regeln angebracht, zum Beispiel weil unterschiedliche Bearbeiter voneinander abweichende Bearbeitungswege wählen und dies zu unnötigen Mehraufwänden führt?

Achten Sie aber auch auf eine angemessene **Regelungstiefe**: Weisen die geltenden Standards und Regeln einen angemessenen Detailgrad auf? Oder sind sie zu kleinteilig? Gibt es auch Standards und Regeln, die zu grob sind und Lücken aufweisen, die sich negativ auf die Prozesse auswirken?

Beachten Sie, dass Standards und Regeln so gestaltet sein sollten, dass sowohl Regelfälle als auch Ausnahmefälle effizient bearbeitet werden können. Zudem sollten die Regeln klar formuliert und in sich widerspruchsfrei sein.

Der Einsatz geeigneter Standards und Regeln reduziert

- den Aufwand für die Lösungsfindung, die Entscheidungsfindung und die Ausführung von Arbeitsschritten,
- den Abstimmungsbedarf entlang des Prozessablaufs und
- die Fehlerquote.

Agile Tipp!

Agile Praktiken gehen zumeist mit klaren Regeln einher. Agilität und Regeln gehen also Hand in Hand, sie sind keine Gegensätze. Aber: Standards und Regeln sollten regelmäßig auf den Prüfstand gestellt und fortlaufend optimiert werden. Nur so kann gewährleistet werden, dass eine gestern noch sinnvolle Regel heute einem optimalen Prozess nicht im Wege steht, da sich die Rahmenbedingungen geändert haben.

Eliminierung nicht wertschöpfender Arbeitsschritte

Gute Prozesse zeichnen sich nicht nur aus Gründen der Effizienz dadurch aus, dass alle Arbeitsschritte wertschöpfend sind. Unnötige Arbeitsschritte gehen auch zu Lasten der empfundenen Sinnhaftigkeit von Tätigkeiten und somit der Motivation. Daher ist es wichtig, dass zum einen die tatsächliche Wertschöpfung einzelner Arbeitsschritte hinterfragt wird. Und zum anderen sollte geprüft werden, ob das gleiche Ziel mit weniger Arbeitsschritten erreicht werden kann. Gute Prozesse

- beinhalten keine unnötigen, nicht wertschöpfenden Arbeitsschritte,
- gelangen mit möglichst wenigen Arbeitsschritten zum Ergebnis (bei Erzielung der gewünschten Qualität) und
- ermöglichen so die größtmögliche Fokussierung auf die jeweiligen Arbeitsschritte im Prozess.

Agile Tipp!

Achten Sie auch darauf, dass sich die Mitarbeiter bestmöglich auf ihre jeweilige Aufgabe fokussieren können. Zu viele Aufgaben defokussieren – dies führt in aller Regel zu schlechteren Arbeitsergebnissen.

Angemessene Planung und Arbeitsvorbereitung

Planung und Arbeitsvorbereitung werden mitunter als unnötig oder nicht wertschöpfend angesehen. Dabei kann eine adäquate Planung die Effizienz und die Qualität der Prozesse spürbar steigern. Oftmals ermöglicht erst eine angemessene Planung die erforderliche Abstimmung zwischen den verschiedenen Beteiligten am Prozess. Eine verlässliche und gut kommunizierte Planung versetzt alle Prozessbeteiligten in die Lage, die erforderlichen Ressourcen und Materialien rechtzeitig und synchronisiert mit den weiteren beteiligten Bereichen vorzusehen und zur Verfügung zu stellen.

Kluge Arbeitsvorbereitung kann den Aufwand zur Durchführung eines Prozesses sowie einzelner Arbeitsschritte gegebenenfalls deutlich reduzieren. Prüfen Sie, ob die Vorbereitung von Tätigkeiten durch einzelne den Aufwand für mehrere reduzieren kann.

Agile Tipp!

Im agilen Vorgehen erfolgt eine präzise Planung – aber immer nur für einen überschaubaren Zeitraum (bei der Softwareentwicklung sind dies häufig zweiwöchige „Sprints"). Am Ende des Planungszeitraums werden die jeweils fertiggestellten Inkremente (= neu entwickelte Features) den Stakeholdern präsentiert. Wenn Sie Entwicklungsprozesse planen, ziehen Sie diesen Ansatz in Betracht. So erfolgt in kurzen Zyklen die Spezifikation der Anforderungen, deren Umsetzung und der Check, ob die Dinge sich in die richtige Richtung entwickeln.

Die Planung sollte durch einen Verantwortlichen gut vorbereitet sein. So erstellt der Product Owner in Scrum ein sogenanntes „Product Backlog". Hierin sind die durch das Umsetzungsteam zu erstellenden weiteren gewünschten Leistungsmerkmale priorisiert, am besten in einer Rangreihe, also nach dem Schema erstens, zweitens, drittens usw. Eine Priorisierung nach Kategorien, also „Dies hat Prio 1 und jenes Prio 2" führt häufig zu vielen Prio-1-Themen – und verliert damit die Aussagekraft, was zu unnötigen Diskussionen im Umsetzungsteam führt. Das ändert sich auch nicht, wenn man eine „Prio 1 mit Sternchen"-Kategorie oder gar eine „Prio 0"-Kategorie einführt!

Agile Teams führen die Planung zudem immer mit den Ausführenden durch. So erhält man sofort eine umsetzbare Planung – ohne nachfolgende Abstimmung, ob diese oder jene Kapazität zur Verfügung steht oder nicht.

Weiterhin werden die anstehenden Aufgaben auf einem „Task Board" für alle transparent dargestellt.

Keine Doppelarbeit

Ein gutes Prozessdesign beinhaltet auch Vorkehrungen gegen Doppelarbeit, also die gleichzeitige oder versetzte Durchführung derselben Tätigkeiten durch unterschiedliche Bearbeiter. Die bislang angeführten Eigenschaften guter Prozesse sollten dies weitestgehend ausschließen. Dennoch sollten gegebenenfalls weitere Vorkehrungen getroffen werden, um Doppelarbeit zu vermeiden. Auch hier können regelmäßige Retrospektiven (siehe Agile Tipp unter „Klare Prozessdefinition") einen Beitrag leisten.

Ausführung der einzelnen Arbeitsschritte

Eine sehr gute Gestaltung des Gesamtprozesses schützt nicht vor einer ungeeigneten Ausführung einzelner Arbeitsschritte, was den Prozess massiv behindern kann. So kann eine mangelnde Bearbeitungsqualität in einem Arbeitsschritt beträchtliche Mehraufwände in späteren Prozessschritten nach sich ziehen. Nachfolgend daher Hinweise für Ihr Optimierungsteam, welche Faktoren mit Blick auf die einzelnen Arbeitsschritte im Prozess gegebenenfalls besonders beachtet werden sollten. Aus Prozesssicht sind hierbei die Güte der Ausführung und die Dauer der Bearbeitung wichtige Faktoren.

Die Bearbeitungsgüte ist von sehr vielen Aspekten abhängig – von der Tagesform des Bearbeiters über dessen Fähigkeiten bis hin zur Arbeitsplatzgestaltung.

Fähigkeiten und Routinen

Die Fähigkeiten zur Ausführung der Arbeitsschritte sind ein grundlegender Faktor, der immer betrachtet werden sollte.

Häufig muss hier nachjustiert werden, da das Wissen um die für den Gesamtprozess bestmögliche Ausführung von Arbeitsschritten schnell diffundieren kann. Bei einer Übergabe an einen neuen Kollegen kann in der Regel nicht das gesamte Wissen transferiert werden.

Bei regelmäßig durchgeführten und häufig wiederkehrenden Prozessen werden schnell Routinen aufgebaut. Bei nur selten oder sporadisch durchgeführten Prozessen ist dies hingegen mitunter gar nicht der Fall. Entsprechend spielen gute Trainings bei wiederkehrend ausgeführten Arbeitsschritten und das Wissensmanagement für selten durchgeführte Arbeitsschritte eine wichtige Rolle:

- Gute Trainings vermitteln die Fähigkeiten zur Bearbeitung der einzelnen Arbeitsschritte **und** die Anforderungen, die sich aus dem weiteren Prozess ergeben. Sie unterstützen regelmäßig/häufig durchgeführte Prozesse.
- Ein gutes Wissensmanagement unterstützt die Durchführung von selten vorkommenden Ausnahmefällen.
- Ein gutes Wissensmanagement ist auch für sporadisch durchgeführte Prozesse wichtig; auch hier werden neben den Kenntnissen zur Bearbeitung des einzelnen Arbeits-

schritts die Anforderungen aus nachfolgenden Tätigkeiten entlang des Prozesses vermittelt.

Material

Für einen effektiven und effizienten Produktionsprozess ist der Einsatz geeigneter Materialien zwingend. Die eingesetzten Materialien müssen die Anforderungen an die Qualität des Endprodukts ebenso erfüllen wie die Anforderungen der einzelnen Arbeitsschritte im Gesamtprozess. Für einen effizienten Prozess erfüllen die eingesetzten Materialen daher verschiedene Anforderungen, zum Beispiel:

- Technische Anforderungen, die je nach Materialart variieren
- Funktionale Anforderungen, zum Beispiel im Hinblick auf Lagerhaltung
- Wirtschaftliche Anforderungen wie Beschaffungs-, Logistik-, Lagerhaltungs-, Bearbeitungskosten etc.
- Anforderungen der Managementbarkeit, wie zum Beispiel Sicherheit der Supply Chain
- Umwelt- und gegebenenfalls weitere Compliance-Anforderungen

Verfahren und Methoden

Auch die je Arbeitsschritt eingesetzten Verfahren und Methoden können einen starken Einfluss auf die Güte des Prozesses haben. Ein guter Prozess setzt für die folgenden Aspekte geeignete Verfahren und Methoden ein:

- Planung und Steuerung inklusive Arbeitsvorbereitung
- Kommunikation und Koordination
- Produktion/Bearbeitung
- Qualitätsmanagement/-sicherung
- Übergaben (siehe unten)

Die Verfahren sind hierbei optimalerweise anschlussfähig an nachfolgende Arbeitsschritte und Prozessstationen gestaltet.

Werkzeuge und Automatisierungsgrad

Die effiziente Durchführung von einzelnen Arbeitsschritten erfordert die richtigen Werkzeuge – und deren geeigneten Einsatz. Ein „guter" Prozess zeichnet sich daher durch folgende Punkte aus:

- Für jeden Arbeitsschritt stehen die erforderlichen Werkzeuge – analog und/oder digital – zur Verfügung
- Die Werkzeuge sind im Hinblick auf Leistungsumfang, Leistungsfähigkeit und Ergonomie für den Einsatz an der jeweiligen Stelle geeignet
- Der Grad der Automatisierung ist im Hinblick auf Effizienz und Qualität des Ergebnisses je Arbeitsschritt sowie entlang des Prozesses sinnvoll gewählt

Agile Tipp!

Viele agile Teams tauschen sich täglich darüber aus, ob aktuell Hindernisse der Erledigung von Aufgaben im Wege stehen – wie zum Beispiel fehlendes oder nicht voll funktionsfähiges Werkzeug. Und sie betreiben ein aktives Hindernismanagement, erkannte Hindernisse werden damit so schnell wie möglich behoben. Dies hat mehrere positive Effekte: Die aktuellen Prozesse werden nicht unnötig blockiert, Mitarbeiter werden nicht durch eine ungünstige Arbeitssituation frustriert und die Mitarbeiter können sich darauf verlassen, dass sie bei Problemen schnell unterstützt werden.

System- und Medienbrüche

Für eine optimale Automatisierung ist auch eine optimale Datenversorgung erforderlich. Stehen in einem System die zur Bearbeitung der Vorgänge benötigten Daten nicht zur Verfügung, so müssen diese neu eingetragen oder übertragen werden. Solche System- oder Medienbrüche stellen nicht nur einen Mehraufwand dar, sondern erhöhen die Fehlerquote – mit weiterem Mehraufwand. Im Rahmen von Prozessdurchläufen sollte daher gegebenenfalls auch auf die Datenversorgung geachtet werden. Gute Prozesse zeichnen sich aus durch:

- Datenverfügbarkeit: Die für die einzelnen Arbeitsschritte erforderlichen Daten sind verfügbar sowie einfach und schnell zugänglich – von Prozessstation zu Prozessstation.
- Datenqualität: Die verfügbaren Daten sind aktuell, korrekt und konsistent. Es gibt also nicht mehrere Datenquellen mit abweichenden Daten.

Minimale Rüstzeiten

Die zur Vorbereitung der Aufgabendurchführung erforderliche Zeit wird als Rüstzeit bezeichnet. In einem optimalen Prozess ist die Rüstzeit für die einzelnen Arbeitsschritte gering. Hierbei ist darauf zu achten, dass ein Teiloptimum in einem Arbeitsschritt nicht zu überproportionalem Mehraufwand in nachfolgenden Arbeitsschritten und Prozessstationen führt.

Gute Prozesse zeichnen sich daher aus durch:

- geringe Rüstzeiten für die Einrichtung der erforderlichen Arbeitsumgebung
- geringe Rüstzeiten für die Anwendung der erforderlichen Werkzeuge, sei es die Kalibrierung einer Maschine oder das Klicken durch ein Programm
- geringe Rüstzeiten im Hinblick auf die Informationssammlung wie die Sammlung der Spezifikationsangaben für einen bestimmten Auftrag oder den erreichten Arbeitsstand

Keine vermeidbaren Liegezeiten

Jeder kennt das aus eigener Erfahrung: Wir bearbeiten einen Vorgang und unterbrechen diesen. Je mehr Zeit vergeht, bis wir den Vorgang wieder aufnehmen (= Liegezeit), desto länger brauchen wir, um uns in den Vorgang wieder einzudenken. Zudem müssen wir auch erst wieder unsere Werkzeuge zusammenstellen, bis wir die Arbeit fortführen können. In schlimmen Fällen brauchen wir auch noch einige Zeit, bis wir überhaupt willens sind, uns des Vorgangs wieder anzunehmen. All dies sind Liegezeit-bedingte Rüstzeiten, die den Aufwand der Bearbeitung des Vorgangs erhöhen. Auch bei längeren Liegezeiten beim Übergang eines Vorgangs von einem Bearbeiter zum anderen können erhöhte Rüstzeiten auftreten. Daher sollten Prozesse so gestaltet sein, dass unnötige Liegezeiten vermieden werden.

Tipp!

Prüfen Sie im Rahmen Ihrer Prozessdurchläufe gegebenenfalls die Durchlaufzeiten und die Bearbeitungszeiten im Prozess. Die Durchlaufzeit ist die Dauer vom Beginn der Bearbeitung eines Vorgangs bis zu dessen Fertigstellung. Nehmen wir einmal an, die durchschnittliche Bearbeitungszeit für eine Kundenbeschwerde beträgt in einem Unternehmen 21 Tage. Dann sind vom Eingang der Beschwerde bis zum Abschluss des Vorgangs drei Wochen vergangen. Die durchschnittliche Bearbeitungszeit könnte hingegen bei zum Beispiel zwei Stunden gelegen haben. Das hieße, dass die Mitarbeiter des Unternehmens in Summe zwei Stunden Arbeitszeit für die Bearbeitung der Beschwerde aufgewendet haben. In diesem Beispiel besteht eine erhebliche Diskrepanz zwischen Bearbeitungs- und Durchlaufzeit. Die einzelnen Vorgänge liegen also lange Zeit unbearbeitet herum. Es kann davon ausgegangen werden, dass die Rüstzeiten entsprechend hoch sind und die Bearbeitungsdauer und somit die Prozesskosten bei Reduktion der Liegezeiten reduziert werden könnten.

Geringe Fehleranfälligkeit

Bei jedem Arbeitsschritt in einem Prozess können unterschiedliche Fehlerquellen bestehen und Fehlerarten auftreten. Die wohl wirkungsvollste Art, Fehler zu vermeiden, ist, aus den Fehlern zu lernen.

Die Merkmale eines guten Prozesses sind daher:

- Die Prozessbeteiligten kennen ihre Verantwortlichkeiten und sind sich darüber bewusst, dass das Lernen und die Verhaltensanpassung nach Fehlern integraler Bestandteil dieser Verantwortung sind
- Der Prozess bietet den Beteiligten akzeptierte Formate, in denen Fehler gemeinsam identifiziert und offen angesprochen werden
- Die Prozessstationen werden mit geeigneten Maßgrößen (KPI = Key Performance Indicator) auf neu auftretende Fehler überwacht
- Fehlerbehebungen, die eine übergreifende Zusammenarbeit erfordern, werden durch einen Process Owner oder eine andere geeignete Rolle koordiniert

Agile Tipp!

Ein wichtiges agiles Prinzip ist das der akzeptierten Verantwortung. Verantwortung soll also möglichst nicht zugewiesen werden, sondern vom jeweiligen

Bearbeiter umfänglich angenommen und gelebt werden. Diskutieren Sie daher, was unter „für etwas verantwortlich sein" umfasst. Aus unserer Sicht bedeutet dies:

1. **Das eigene Aufgabenfeld aktiv beobachten und Handlungsbedarf frühzeitig erkennen.**
2. **Erforderliche Aktivitäten durchführen.**
3. **Die Ergebnisse der eigenen Aktivitäten beobachten, aufnehmen und bewerten – auch im weiteren Prozessablauf.**
4. **Bei Fehlentwicklungen eigenständig Maßnahmen entwickeln und durchführen, um diese möglichst schnell zu beheben.**
5. **Bei Fehlentwicklungen Vorkehrungen treffen, damit diese in Zukunft möglichst ausgeschlossen sind.**

Übergaben zwischen den Prozessstationen

Auch wenn die Voraussetzungen für eine prozessoptimale Arbeit bei allen Arbeitsschritten gegeben sind, ist dies noch kein Garant für ein Gesamtoptimum. Auch die Übergaben zwischen den Prozessstationen müssen zur Erzielung eines Gesamtoptimums sinnvoll gestaltet werden. Daher nachfolgend weitere für das Training des Optimierer-Teams möglicherweise wichtige Punkte.

Workflow-Automatisierung

Es sollte sichergestellt sein, dass unmittelbar mit Fertigstellung der Bearbeitung eines Vorgangs durch eine Prozessstation die nächste Prozessstation hiervon in Kenntnis gesetzt wird. Dies kann zum Beispiel mit Hilfe der Workflow-Automatisierung erfolgen. Sobald ein bestimmter Bearbeitungsstatus erreicht ist, leitet das System den Vorgang als Auftrag an den nächsten Bearbeiter weiter. So können unnötige Liegezeiten (siehe oben) vermieden werden. In einer „Pull-Logik" können wiederum Bestandshöhen verwendet werden, um von einer nachgelagerten Prozessstation Bestellungen an eine vorgelagerte Prozessstation auszulösen.

Agile Tipp!

Der stetige Arbeitsfluss ist ein wichtiges agiles Prinzip. Mit einem stetigen Arbeitsfluss soll eine zu hohe Arbeitslast vermieden werden. Angestrebt wird eine Situation, in der die Bearbeiter sich auf ihre jeweilige Aufgabe fokussieren und in hoher Qualität möglichst

fehlerfrei arbeiten können. Aber auch eine zu niedrige Arbeitslast soll gemieden werden. Um die Wirtschaftlichkeit zu wahren, aber auch um eine Gewöhnung an ein (zu) niedriges Leistungsniveau zu vermeiden.

Service Level Agreements

Vereinbarungen zu Leistungen und Leistungsstufen werden zumeist zwischen Dienstleistern und Auftraggebern getroffen. Aber auch entlang eines Prozesses können sie ein sinnvolles Instrument sein. In entsprechenden Vereinbarungen wird zum Beispiel geregelt,

- welche Vorgangsarten wie zu bearbeiten sind,
- welches Leistungsniveau für welche Vorgangsart erbracht wird,
- welche Prozessstation welche Qualität(en) für welche Vorgangsarten bereitstellt,
- welche Reaktionszeiten für welche Vorgangsart eingehalten werden und
- wie die Übergabe von Vorgängen je Vorgangsart gehandhabt wird.

So erfolgen klare Abstimmungen, welches Verhalten in welchen Fällen erwartet und letztlich auch vereinbart wird. Weiterhin kann man regeln, wie in Fällen von Abweichungen vorgegangen wird.

Agile Tipp!

Agile Teams wenden dieses Prinzip ebenfalls an. Sie arbeiten mit:

- **Definition of Ready: In dieser wird zwischen zwei Teams ausgehandelt, welche Voraussetzungen ein Auftrag erfüllen muss, damit er von einem Umsetzungsteam bearbeitet werden kann.**
- **Definition of Done: Hier wird festgelegt, welche Anforderungen ein Leistungsbestandteil aufweisen muss, damit er ausgeliefert werden kann.**

Weiterhin legen agile Teams viel Wert auf die direkte dialogische Kommunikation zwischen den Beteiligten. Kommunikation über Dritte wird hingegen gemieden. Statt über die Hierarchie zu kommunizieren, in der ein Mitarbeiter seinen Abteilungsleiter anspricht, dieser sich mit seinem Abteilungsleiterkollegen austauscht, der sich dann mit seinem Mitarbeiter besprechen muss – und so weiter –, geht man auf Expertenebene aufeinander zu und entwickelt im direkten Austausch Lösungen.

Im Training für das Team der Optimierer geht es jedoch nicht nur um fachliche Hinweise zur Prozessqualität und zum Management von Prozessen. Ebenfalls wichtig ist, dass das Team auf den Austausch mit den Inputgebern vorbereitet wird.

Worauf sollte in der Kommunikation mit den Kollegen, also den Inputgebern, geachtet werden?

Ziel der Prozessdurchläufe ist, dass die Optimierer einen möglichst unverfälschten Blick auf die Realität nehmen. Hierzu sollten sich die Optimierer ihre persönlichen Meinungen und Vorurteile zum Ist-Prozess sowie zu anderen beteiligten Bereichen bewusstmachen und diese für die Untersuchung so weit wie möglich beiseitelegen.

Sensibilisieren Sie das Projektteam für mögliche Widerstände und Angst aufseiten der Inputgeber (sofern Sie im Team eine Stakeholderanalyse durchgeführt haben, ist dies bereits erfolgt). Bedenken Sie, dass die Prozessbeteiligten vermutlich schon einige Zeit, vielleicht gar schon mehrere Jahre, in den gewohnten Prozessen arbeiten und es nur zu verständlich ist, wenn diese ihre hart erarbeiteten und lieb gewonnenen Arbeitsweisen verteidigen werden. Die **Kommunikation mit den Kollegen** sollte daher möglichst wertschätzend erfolgen. Aber vergessen Sie dabei nicht, die Prozesse auch kritisch zu hinterfragen (siehe Abbildung „Tipps zur Kommunikation Optimierer – Inputgeber").

Indem Sie in der Schulung insbesondere auf die **Eigenschaften guter Prozesse** und mögliche **Ansätze einer Optimierung** eingehen, können die Teammitglieder noch besser Schwachstellen in den Ist-Prozessen erkennen und diese gezielt hinterfragen. Sie stellen hiermit das Rüstzeug bereit, um Optimierungspotenziale transparent zu machen und geeignete Ansätze zur Prozessoptimierung zu entwickeln. Hierbei hilft Ihnen die Vergabe spezifischer Rollen an die einzelnen Teammitglieder. So können sich diese auf bestimmte Themenfelder fokussieren.

Tipps zur Kommunikation Optimierer – Inputgeber

Immer nachfragen, nie annehmen
Auch wenn man den Prozess aus der eigenen Perspektive exzellent kennt: Seien Sie offen für die Sichtweise und den Input anderer. Fragen Sie lieber nach, statt zu schnell Schlussfolgerungen zu ziehen.

Nicht als Experte auftreten, keine eigene Meinung äußern oder Rat erteilen
Im Prozessdurchlauf geht es darum, zu verstehen, was der andere tut und warum. Die kritische Evaluation erfolgt im Nachgang gemeinsam im Team.

Nicht nur Aspekte ansprechen, die einen selbst interessieren
Der Befragte ist der Schlüssel zur Erkenntnis. Er kann auf die wirklich relevanten Themen nur aufmerksam machen, wenn ihm kein zu starres Konzept vorgegeben wird.

Stets das „Warum" erkunden
Akzeptiert man die erste Antwort, fehlt einem später wichtige Substanz für die Analyse. Es lohnt sich oft, die Ursachen zu ermitteln. Fragen Sie zum Beispiel: Aus welchen Gründen wird dieser Arbeitsschritt so ausgeführt? Welches sind aus Ihrer Sicht typische Ursachen für die eben benannten Fehler?

Suggestivfragen meiden
Suggestivfragen legen dem Befragten die Antworten in den Mund, der Sachverhalt wird nur scheinbar zur Debatte gestellt. Beispiele für beeinflussende Worte sind: bestimmt, gewiss, sicherlich, nicht wahr, etwa, wohl, doch auch.

Zusammenfassung: Vorgehen Schulung des Projektteams

Feinplanung ist erfolgt →

1. Methode und Vorgehen der Agilen Prozessoptimierung erläutern	Führen Sie das Team der Optimierer im Rahmen der Schulung ausführlich in die Methode der Agilen Prozessoptimierung ein und erläutern Sie das Vorgehen und die Besonderheiten der Methode
2. Basiswissen der Prozessoptimierung vermitteln	Vermitteln Sie dem Team das für Ihr Unternehmen und Ihre Prozesse relevante Basiswissen zur Prozessoptimierung; das können die folgenden inhaltlichen Punkte sein oder auch andere Inhalte und Prinzipien, die in Ihrem Unternehmen Anwendung finden:
2a. Mögliche Einflussfaktoren auf die Prozessqualitätt vorstellen	Vermitteln Sie den Optimierern die für Ihren spezifischen Anwendungsfall relevanten Faktoren, die Ihre Prozessqualität beeinflussen können beziehungsweise typische Ursachen und Indikatoren für nicht optimale Prozesse
2b. Eigenschaften guter Prozesse erläutern	Zeigen Sie im Rahmen der Schulung auf, welche Eigenschaften gute Prozesse auszeichnen und wie diese darauf einzahlen, dass a. der Gesamtprozess gut gestaltet ist, b. die einzelnen Arbeitsschritte im Prozess gut ausgeführt werden und c. die Übergaben von einer Prozessstation zur nächsten reibungslos funktionieren
2c. Mögliche Ansätze zur Prozessoptimierung vorstellen	Gehen Sie bei der Vorstellung der Eigenschaften guter Prozesse auch darauf ein, mittels welcher (zum Beispiel agiler) Ansätze diese erzielt werden können
2d. Optimierer für Kommunikation mit Inputgebern sensibilisieren	Sensibilisieren Sie das Projektteam für mögliche Widerstände und Angst aufseiten der Inputgeber und geben Sie ihnen Tipps zur wertschätzenden, aber auch kritisch hinterfragenden Kommunikation an die Hand

Bevor Sie nun mit den Prozessdurchläufen beginnen, erfolgt noch die **Vergabe spezifischer Rollen** an die einzelnen Teammitglieder, aus deren Perspektive Sie den Prozess betrachten

1 Ziele Ihrer Agilen Prozessoptimierung festlegen
Umfang der Agilen Prozessoptimierung bestimmen
Beteiligte an der Agilen Prozessoptimierung auswählen

2 Das Team für die Agile Prozessoptimierung einbinden und die Feinplanung durchführen
Das Team trainieren
Die Rollen im Team klären
Die Erhebung von Mengengerüsten und Zeiten planen
Das Team bei der Durchführung der Prozessdurchläufe unterstützen

3 Prozessdurchläufe durchführen

4 Prozessdurchläufe dokumentieren

5 Optimierte Prozesse entwickeln

6 Maßnahmen zur Umsetzung planen und durchführen

2.2.3 Wer nimmt welche Rolle für die Prozessoptimierung ein?

Wie der vorherige Abschnitt darlegt, gibt es viele die Qualität von Prozessen beeinflussende Faktoren. Da nicht alle von einer einzigen Person umfänglich beobachtet und bedacht werden können, ist eine Fokussierung hilfreich. Dies wird in der Agilen Prozessoptimierung erreicht, indem die Optimierer den Prozess aus **verschiedenen Perspektiven** betrachten. Jedes Teammitglied erhält hierfür eine Rolle – eine Art „Denkhut". Der Hut symbolisiert eine bestimmte Perspektive, aus der die Prozesse betrachtet werden. Dadurch betrachtet das Team die Ist-Situation aus verschiedenen Blickwinkeln und es bringt vielfältige Sichtweisen in die Bewertung der Abläufe, die Optimierung der Prozesse und die Entwicklung der bestmöglichen Lösungsansätze ein.

Erarbeiten Sie gemeinsam mit dem Team im Rahmen der Schulung, welche Rollen beziehungsweise Perspektiven für die zu betrachtenden Prozesse relevant sind. So können Sie vorgehen:

1. *Sammeln möglicher Rollen:*
   - Sichten Sie die Zielkarte: Können wir aus der Zielkarte relevante Perspektiven ableiten? Sie möchten zum Beispiel die Durchlaufzeiten senken? Dann wäre die Rolle des „Zeitwächters" möglicherweise relevant. Das Teammitglied in dieser Rolle würde zum Beispiel die Liegezeiten betrachten und Wege zu deren Reduktion suchen. Hinweis: Nicht aus jedem Ziel lässt sich sinnvoll eine Rolle ableiten!
   - Prüfen Sie die vom Team formulierten Outcomes: Sollten wir Rollen festlegen, die direkt auf die Realisierung des Zielbilds hinwirken? Das Team hat zum Beispiel „größtmögliche Fehlerfreiheit" als ein Outcome benannt – dann könnte eine Rolle lauten „Fehlerteufel". Dieser würde die Abläufe auf Fehlerursachen prüfen und auf Vorschläge zur Fehlerreduktion fokussieren. Auch hier gilt: Nicht aus jedem Outcome kann eine Rolle abgeleitet werden.
   - Betrachten Sie gemeinsam die Eigenschaften guter Prozesse und die Ansätze zur Prozessoptimierung: Welches sind für den zu optimierenden Prozess die wichtigsten Aspekte? Wovon hängt es ab, ob der Prozess reibungslos funktio-

Rollenklärung – verschiedene Perspektiven einbringen

„Ich glaube, dass wir in diesem Prozess noch nicht agil genug arbeiten, und prüfe daher die Agilität!"

„Ich kümmere mich um die Frage, wie effizient unsere Kommunikation ist!"

„Ich schaue mir an, ob ausreichend Fach-Expertise vorhanden ist, und blicke aus der Sicht des Personalentwicklers auf den Prozess!"

„Ich prüfe, ob geeignete Methoden und Verfahren des Qualitätsmanagements eingesetzt werden!"

„Ich betrachte den Prozess aus Sicht des Kunden und prüfe insbesondere die Reaktionszeiten in der Interaktion!"

„Ich prüfe, ob die Entscheidungs- und Steuerungsprozesse optimal gestaltet sind!"

„Ich achte ganz besonders auf die Kosten und Effizienz des Prozesses!"

„Ich prüfe, wie gut der Prozess durch die IT unterstützt wird!"

„Ich achte darauf, ob die bestehenden Standards und Regeln eingehalten werden und noch praktikabel sind!"

niert? Welche möglichen Rollen können wir hieraus ableiten?
- Checken Sie auch die wichtigen agilen Prinzipien! Vielleicht ist die Ableitung einer Rolle aus diesen ebenfalls wichtig. Sie möchten zum Beispiel das agile Prinzip „beständiges Lernen" fördern? Dann könnten Sie eine Rolle „Lehrmeister" nominieren, die auf Lerndefizite und mögliche Lösungsansätze wie Retrospektiven achtet.
- Mit Hilfe der Abbildung „Mögliche Rollen nach Fokusbereichen" können Sie mögliche Rollen identifizieren oder Ihr Rollenmodell auf Vollständigkeit prüfen.

2. *Priorisieren der Rollen:* Für eine echte Fokussierung ist es vorteilhaft, wenn jedes Teammitglied jeweils eine Rolle, maximal zwei Rollen, einnimmt. Sollten Sie mehr Rollen identifiziert haben, als das Team wahrnehmen kann, sollten Sie priorisieren. Eine hohe Priorität haben in der Regel Rollen, die einen direkten Bezug zu Zielen und/oder Outcomes aufweisen und bei denen das Team hohes Optimierungspotenzial vermutet.

3. *Verteilung der Rollen an die einzelnen Teammitglieder:* Fragen Sie zunächst in die Runde, wer welche Rolle einnehmen möchte. Mit ein wenig Glück ergibt sich hieraus bereits eine Lösung. Zumeist ist jedoch ein wenig Diskussion notwendig, insbesondere wenn einzelne Teammitglieder mehr als eine Rolle übernehmen müssen, um alle relevanten Perspektiven abzudecken.

Beispiel für mögliche Denkhüte:

- Ich nehme die Sicht des **Kunden** ein!
- Ich betrachte den Prozess aus der Sicht des **Leistungsempfängers**!
- Ich achte ganz besonders auf die **Kosten**!
- Ich kümmere mich um die Frage, wie gut der Prozess durch die **IT** unterstützt wird!
- Ich prüfe, ob die **Entscheidungsfindung** im Prozess effizient läuft!
- Ich schaue mir an, wie **agil** wir in diesem Prozess schon arbeiten!
- Ich werde mich vor allem um die „**Edge Cases**", also die irregulären und fehlerhaften Vorgänge, kümmern!
- Ich glaube, es fehlt an Fach-Expertise und schaue aus der Sicht des **Personalentwicklers** auf den Prozess!
- Und ich aus Sicht des **Managements**, der **Nachbarabteilungen** …

Bedenken Sie bei der Rollenverteilung, dass ein Teammitglied den **„Weißen Hut"** erhält. Dieser repräsentiert die **neutrale Sicht**. Der Weiße Hut dokumentiert pragmatisch die wichtigsten Schritte im Standardablauf. Dies kann zum Beispiel auf einem mitgeführten Flipchart oder durch Skizzierung der Kernpunkte auf einem Klemmbrett beziehungsweise in einem digitalen Tool erfolgen. Auch die weiteren Teammitglieder dokumentieren mit – insbesondere für ihre jeweilige Perspektive relevante Punkte, erste Eindrücke, Ideen etc.

Die Optimierer können sich dank der unterschiedlichen „Denkhüte" auf ihre jeweilige Perspektive konzentrieren und müssen den Prozess nicht auf alle möglichen Kriterien hin überprüfen. Das erleichtert die Aufgabe und führt zu besseren Ergebnissen.

Mögliche Rollen nach Fokusbereichen

Fokus	Kundennutzen | Customer Journey	Kosten und Effizienz	Prozessqualität	Ergebnisqualität	IT	Agilität
Mögliche Rollen	– Erzielung Kunden-Mehrwerte – Einfacher Zugang für den Kunden – Einfache Nutzung durch den Kunden – Kommunikation mit dem Kunden – Reaktionszeiten in der Interaktion mit dem Kunden – Anwendungsunterstützung für den Kunden – Allgemeiner Kundenservice – …	– Kosten aus mangelnder Wertschöpfung – Kosten der Administration – Kosten aus Liege- und Rüstzeiten – Transaktionskosten – Koordinierungskosten – Kommunikationskosten – Opportunitätskosten – Fehlerquoten – Bruchlasten – Automatisierungsgrad – Methoden und Verfahren des Kostenmanagements – …	– Rollenklarheit – Entscheidungsprozesse – Planung/Arbeitsvorbereitung – Standards und Regeln – Gestaltung der Übergabepunkte – Arbeitsraum- und Arbeitsplatzgestaltung – Werkzeuge – Know-how Prozessablauf – Fachliche Qualifikation – Termintreue je Prozessstation – Edge Cases – Methoden und Verfahren des Prozessmanagements – …	– Spezifikationen – Fehleranfälligkeit – Material – Termintreue Gesamtprozess – Qualitätssicherung – Methoden und Verfahren des Qualitätsmanagements – …	– Betriebskonzepte – Händische Prozesse – Datenversorgung – Datenqualität – Datenaktualität – Medienbrüche – Anwendungsqualität – Systemkenntnisse Administration – Systemkentnisse Anwender – IT-Support – Methoden und Verfahren des Anforderungsmanagements – …	– Verfahren der Priorisierung – Verfahren der Planung – Steuerung des Arbeitsflusses/Sicherstellung der Fokussierung – Transparenz – Lernen/Retrospektiven – Grad der Selbstorganisation – Grad der akzeptierten Verantwortung – Inkrementelle Auslieferung und Einbindung der Stakeholder – …

Zusammenfassung: Vorgehen Vergabe der Rollen

Team ist geschult → **1. Mögliche Rollen sammeln**	Leiten Sie gemeinsam mit dem Projektteam relevante Perspektiven zur Bewertung der Ist-Prozesse und der Optimierung der Prozesse ab; nutzen Sie zur Identifizierung möglicher Rollen – die in der Zielkarte formulierten Ziele, – die gemeinsam erarbeiteten Outcomes, – die in der Schulung vorgestellten Eigenschaften guter Prozesse und Ansätze zur Prozessoptimierung – die für Ihr Unternehmen wichtigsten agilen Prinzipien sowie bei Bedarf – die Übersicht „Mögliche Rollen nach Fokusbereichen"
2. Rollen priorisieren	Priorisieren Sie die Rollen, wenn Sie mehr Rollen als Teammitglieder identifiziert haben; für eine echte Fokussierung sollte nach Möglichkeit jeder nur eine Rolle einnehmen, es können aber auch mehrere Rollen durch eine Person ausgeführt werden Mögliche Priorisierungskriterien: – Höhe des vermuteten Optimierungspotenzials – Beitrag zur Erreichung der Ziele – Beitrag zur Erreichung der Outcomes
3. Rollen an Teammitglieder verteilen	Fragen Sie die Teammitglieder zunächst, welche Rolle sie gerne übernehmen würden; ergibt sich dadurch keine Verteilung, sollten Sie in die gemeinsame Diskussion einsteigen, bis alle relevanten Rollen verteilt sind Achten Sie darauf, dass ein Teammitglied die Rolle des **„Weißen Huts"** einnimmt und den Prozess aus neutraler Sicht betrachtet und die wichtigsten Schritte des Standardablaufs dokumentiert

Vor dem Start sollten Sie noch einen Blick auf die **Erhebung erforderlicher Mengengerüste und Zeiten** werfen

2.2.4 Welche Mengengerüste und Zeiten erheben wir?

1
Ziele Ihrer Agilen Prozessoptimierung festlegen
Umfang der Agilen Prozessoptimierung bestimmen
Beteiligte an der Agilen Prozessoptimierung auswählen

2
Das Team für die Agile Prozessoptimierung einbinden und die Feinplanung durchführen
Das Team trainieren
Die Rollen im Team klären
Die Erhebung von Mengengerüsten und Zeiten planen
Das Team bei der Durchführung der Prozessdurchläufe unterstützen

3
Prozessdurchläufe durchführen

4
Prozessdurchläufe dokumentieren

5
Optimierte Prozesse entwickeln

6
Maßnahmen zur Umsetzung planen und durchführen

Sie haben bereits die Ziele der Prozessoptimierung und auch die verschiedenen Perspektiven, die zur Betrachtung des Prozesses relevant sind, gemeinsam mit dem Team herausgearbeitet. Auf dieser Basis können Sie jetzt entscheiden, ob und in welchem Umfang eine Erhebung von Mengengerüsten und Zeiten erforderlich ist, um die angestrebten Ziele zu erreichen beziehungsweise zu messen. Folgende Fragen helfen Ihnen bei der Entscheidung und Planung:

- Zu welchem Zweck erheben wir Mengengerüste und Zeiten im Prozess?
- Welche Mengengerüste und Zeiten sind zur Erreichung der Zielstellung zu erheben?
- Zu welchem Zeitpunkt im Projekt sollten die Mengen und Zeiten erhoben werden?
- Wie werden die relevanten Daten erhoben?

Gehen Sie auf jede dieser Fragen ein und planen Sie die Erhebung sorgfältig, gegebenenfalls inklusive der rechtzeitigen Abstimmung mit dem Betriebsrat. So vermeiden Sie verzichtbare Schleifen, überflüssige Datenerhebungen und unnötige Aufwände bei der Datenerfassung.

Zu welchem Zweck erheben wir Mengengerüste und Zeiten im Prozess?

Es gibt verschiedene Gründe, warum in Unternehmen Prozessoptimierungen durchgeführt werden. So erfordern beispielsweise Reorganisationen einzelner oder mehrerer Abteilungen oder sogar ganzer Unternehmen neue Prozesse. In diesen Fällen kann, muss aber nicht eine Erhebung von Mengengerüsten und Zeiten sinnvoll sein. Das hängt zum Beispiel davon ab, ob die erforderlichen Personalkapazitäten bereits feststehen oder noch zu ermitteln sind.

Häufig sind Prozessoptimierungen auch infolge neu eingeführter Systeme, Methoden oder Arbeitsweisen zur effizienteren Gestaltung der Prozesse erforderlich. In diesen Fällen ist die Prozessoptimierung nicht selten mit einem Personalabbau oder einer Umschichtung des Personals verbunden. Hierbei ist es wichtig, die erforderlichen Personalkapazitäten belastbar quantifizieren zu können. Eine Erhebung relevanter Mengengerüste und Zeiten ist dann unerlässlich.

Prozessoptimierungen verfolgen zudem oftmals das Ziel einer Reduktion der Prozesskosten. Hierfür müssen Sie zunächst Ihre Ausgangsbasis, also die Ist-Kosten, kennen. Die Bewertung möglicher Optimierungspotenziale und die Messung der Zielerreichung erfordert eine fundierte Datengrundlage – sowohl im Ist als auch in der späteren optimierten Variante.

Möchten Sie Ihre Prozesse optimieren, um die Qualität Ihrer Produkte und Dienstleistungen zu verbessern, empfiehlt es sich, ebenfalls relevante Daten zur Messung der Qualität zu erheben. Nur so können Sie prüfen, ob die Prozessoptimierung zum gewünschten Ergebnis geführt hat oder ob nachjustiert werden muss.

Neben der Messung der Zielerreichung oder Berechnung erforderlicher Personalkapazitäten zur Ausführung der optimierten Prozesse im Rahmen von Reorganisationen können Mengengerüste, Zeiten und relevante Kennzahlen auch zur Identifikation möglicher Ansatzpunkte der Prozessoptimierung dienen. So können zum Beispiel Aufwandstreiber im Prozess identifiziert werden. Benchmarks zwischen verschiedenen Abteilungen oder Unternehmen können gebildet und zur Ableitung von Optimierungspotenzialen herangezogen werden. Darüber hinaus helfen Ihnen die richtigen Mengengerüste dabei, den Fokus der Prozessoptimierung auf die richtigen Punkte zu legen. Nicht selten werden komplexe und zeitintensive Prozessschritte im Detail analysiert, um dann im Nachgang festzustellen, dass diese nur sehr selten ausgeführt werden und somit wenig Optimierungspotenzial aufweisen.

Vergegenwärtigen Sie sich also noch einmal, zu welchem Zweck Sie Mengengerüste und Zeiten erheben wollen. Welche Aspekte erfordern eine Datengrundlage, wo sind Daten wirklich hilfreich? Prüfen Sie vor dem Hintergrund der Zielstellung Ihrer Prozessoptimierung, ob und in welchem Umfang eine Erhebung erforderlich und sinnvoll ist. Sie sollten nur die Daten erheben, die Sie auch wirklich benötigen.

Welche Mengengerüste und Zeiten sind zur Erreichung der Zielstellung zu erheben?

Um diese Frage beantworten zu können, sollten Sie die erste Frage nach dem Zweck der Erhebung klar beantwortet haben. Werfen Sie zusätzlich einen Blick auf die vermuteten Optimierungspotenziale und festgelegten Rollen zur Prozessbetrachtung. Diese helfen Ihnen dabei, die relevanten zu erhebenden Mengen und Zeiten abzuleiten. Binden Sie bei der Festlegung der Mengengerüste das gesamte Projektteam mit ein, um das Prozesswissen der Beteiligten zu nutzen und diese gleichzeitig für die neuralgischen Punkte zu sensibilisieren. Berücksichtigen Sie bei Ihren Überlegungen zudem, welche Mengen und Zeiten mit vertretbarem Aufwand erhoben werden können.

Je nach verfolgtem Zweck der Datenerhebung können verschiedene Mengengerüste und Zeiten für Ihre Prozessoptimierung relevant sein. So kann zum Beispiel zur Messung einer Effizienzsteigerung die **Outputmenge** eines Prozessschrittes oder eines kompletten Prozesses erhoben werden. Diese lässt sich durch die Anzahl bearbeiteter Vorgänge, die Anzahl produzierter Einheiten oder Ähnliches beziffern.

Neben der Outputmenge können auch die **Kosten** Aufschluss über mögliche Optimierungsansätze oder eine erzielte Effizienzsteigerung geben. Diese kann beispielsweise in Form reduzierter Materialkosten, Lagerhaltungskosten, Personalkosten sowie weiterer Kostenarten oder der Prozesskosten insgesamt erreicht werden.

Wichtige Erkenntnisse liefern zudem verschiedene **zeitbezogene Kennzahlen**. Anhand erhobener Rüstzeiten, Liegezeiten, Durchlaufzeiten und Bearbeitungsdauern einzelner Prozessschritte lassen sich Optimierungspotenziale identifizieren und im Nachgang konkret beziffern.

Streben Sie eine Qualitätssteigerung mit der Prozessoptimierung an, sollten Sie zudem prüfen, ob eine Erhebung relevanter **Qualitätskennzahlen** aufschlussreiche Erkenntnisse liefern kann. Einige Beispiele für solche Kennzahlen sind Fehlerquoten in Bezug auf den Prozess oder das Ergebnis, der Ausschussgrad oder die Kundenzufriedenheit.

> **Wichtig**
>
> **Um den tatsächlichen Erfolg der Prozessoptimierung messen zu können, müssen Sie die richtigen Daten ins Verhältnis setzen. Also zum Beispiel die Outputmenge eines Prozesses und die zur Produktion dieser Menge benötigte Zeit. Messen Sie diese Kennzahl sowohl vor als auch nach der erfolgten Prozessoptimierung und vergleichen Sie die Werte. Nutzen Sie diese Kennzahl darüber hinaus zur regelmäßigen Überprüfung des Prozesses, um diesen kontinuierlich zu verbessern.**

Zu welchem Zeitpunkt im Projekt sollten die Mengen und Zeiten erhoben werden?

Der Zeitpunkt der Datenerhebung hängt maßgeblich vom verfolgten Zweck und den zu erhebenden Daten ab. Grundsätzlich können die Daten vor, während und nach dem Prozessdurchlauf erhoben werden und zusätzlich nach der umgesetzten Prozessoptimierung.

Eine **Datenerhebung vor der Durchführung des Prozessdurchlaufs** ist vor allem dann sinnvoll, wenn Unsicherheit bezüglich vermuteter Optimierungspotenziale besteht und die dahinter liegenden Mengen und Aufwände nicht klar sind. So vermeiden Sie, dass Sie sich im Prozessdurchlauf verzetteln und zu viel Zeit auf Prozessschritte mit wenig Optimierungspotenzial verwenden. Dies kommt zum Beispiel bei der Betrachtung von Grenz- und Sonderfällen vor. Die Prozessbeteiligten haben das Gefühl, dass die Bearbeitung dieser Fälle sehr hohe Kapazitäten bindet. Doch bei genauerer Betrachtung stellt sich häufig heraus, dass diese Fälle so selten auftreten, dass sie über das Jahr betrachtet nur geringe Aufwände verursachen.

Gleichzeitig birgt die Erhebung vor dem Prozessdurchlauf aber auch die Gefahr, zu viele Daten abzufragen. Der Prozess und die Optimierungspotenziale sind ohne den Prozessdurchlauf oftmals noch nicht im ausreichenden Maße bekannt, um die wirklich relevanten Mengen und Zeiten ableiten zu können. Mitunter werden alle denkbaren Mengen und Zeiten abgefragt. Dies verursacht unnötige Aufwände bei der Datenerfassung und kann zu Frust und Unverständnis bei den Prozessbeteiligten führen. Im schlechtesten Fall schürt diese Vorgehensweise sogar unnötige Ängste.

Bei einer **Erhebung während des Prozessdurchlaufs** sollten Sie die zu erhebenden Daten auf ein Minimum reduzieren. Das Projektteam soll sich auf die Identifizierung von Optimierungspotenzialen fokussieren und nicht auf die Datenerhebung. Dennoch kann zum Beispiel die Erfassung von zeitbezogenen Kennzahlen wie die Bearbeitungsdauer während des Prozessdurchlaufs sinnvoll sein. Ein Teammitglied kann beispielsweise während der Vorführung eines Prozessschrittes die Zeit messen. Achten Sie jedoch darauf, dass die Messung durch parallele Erläuterungen des Inputgebers oder Rückfragen seitens des Projektteams nicht verfälscht werden. Alternativ kann das Projektteam auch Erfahrungswerte beim Inputgeber während des Prozessdurchlaufs erfragen.

Eine **Datenerhebung nach erfolgtem Prozessdurchlauf** bietet den großen Vorteil, dass das Projektteam genau weiß, welche Mengen und Zeiten vor dem Hintergrund der Zielstellung und des nun bekannten Prozesses relevant sind. Die während und im Anschluss an den Prozessdurchlauf identifizierten Optimierungspotenziale geben Aufschluss darüber, welche Daten für eine Bewertung und für die weitere Ausarbeitung der Optimierungsansätze zu erheben sind. So werden gezielt nur die tatsächlich benötigten Daten erhoben.

Die Bestimmung der zu erhebenden Daten kann gemeinsam im Projektteam im Debriefing nach Durchführung des Prozessdurchlaufs oder im Optimierungsworkshop erfolgen. Durch die gemeinsame Festlegung wird allen Teilnehmern des Projektteams klar, wofür die einzelnen Mengengerüste benötigt werden und was mit der Erhebung bezweckt wird.

Sie sollten somit unter Berücksichtigung Ihrer jeweiligen Zielstellung und dem verfolgten Zweck der Datenerhebung für Ihr spezifisches Projekt festlegen, welches der beste Zeitpunkt der Datenerhebung ist. Je nachdem, welche Mengen und Zeiten Sie erheben wollen, können auch verschiedene Zeitpunkte für die einzelnen Daten sinnvoll sein.

Wie werden die relevanten Daten erhoben?

Nachdem Sie festgelegt haben, welche Daten wofür und wann erhoben werden sollen, gilt es, die entsprechenden Daten möglichst zeitnah und effizient zu erheben.

Greifen Sie nach Möglichkeit auf bestehende Ist-Daten in Form von **Analysen und Reports** oder **systemgestützten Datenabfragen** zurück. So können Sie den Aufwand zur Datenerfassung minimieren und vermeiden gleichzeitig das Schüren unnötiger Ängste, die bei der Erhebung solcher Daten häufig bei Mitarbeitern aufkommen.

Liegen keine entsprechenden Ist-Daten vor, können Sie **Messungen für Hochrechnungen** vornehmen. Dazu können Sie beispielsweise die Prozessbeteiligten bitten, die Anzahl an bearbeiteten Vorgängen für einen repräsentativen Zeitraum über Strichlisten zu dokumentieren und diese dann auf das Gesamtjahr hochrechnen. Repräsentative Messungen sind insbesondere für die Erfassung von Durchlaufzeiten, Liegezeiten, Rüstzeiten und Bearbeitungsdauern relevant, da hierzu häufig keine Ist-Daten vorliegen.

Alternativ oder ergänzend können Sie auch **Erfahrungswerte und Schätzungen** bezüglich Mengen und Zeiten bei den Prozessbeteiligten abfragen. Oder Sie schätzen gemeinsam im Projektteam im Rahmen des Optimierungsworkshops die Mengen und Zeiten – vorausgesetzt, das Team verfügt hierfür über den erforderlichen Kenntnisstand.

Bevor Sie im nächsten Schritt mit den Prozessdurchläufen starten, sollten Sie den Umfang und die Art der Dokumentation der zu erhebenden Mengen und Zeiten, aber auch der Ergebnisse der Prozessdurchläufe selbst klären.

Für die Dokumentation der Mengengerüste und Zeiten bieten sich gut strukturierte

Excel-Tabellen oder Prozessmanagement-Tools an. Sofern Sie den Prozess ebenfalls in Excel dokumentieren, können Sie die Mengengerüste und Daten direkt dem jeweiligen Prozessschritt zuordnen. Mit Hilfe der Tabelle können Sie später auch die Bewertung der Optimierungspotenziale auf Basis der erhobenen Daten vornehmen.

Weitere Hinweise und Beispiele zur Dokumentation der Prozessdurchläufe finden Sie im Kapitel 2.4 „Prozessdurchläufe dokumentieren".

Zusammenfassung: Vorgehen Erhebung von Mengengerüsten und Zeiten

Rollen sind verteilt →

1. Zweck der Erhebung klären

Prüfen Sie vor dem Hintergrund Ihrer Zielstellung, ob und in welchem Umfang eine Erhebung von Mengengerüsten, Zeiten und Kosten erforderlich ist; eine Erhebung kann zum Beispiel für folgende Aspekte der Prozessoptimierung sinnvoll sein:
- Zur Identifikation möglicher Ansatzpunkte (zum Beispiel Identifikation von Aufwandstreibern, Bildung von Benchmarks)
- Zur Bewertung möglicher Optimierungspotenziale
- Zur Ermittlung erforderlicher Personalkapazitäten zur Ausführung der optimierten Prozesse
- Zur Messung der Zielerreichung (zum Beispiel Effizienzsteigerung, Kostensenkung, Qualitätssteigerung etc.)

↓

2. Zu erhebende Mengengerüste und Zeiten ableiten

Leiten Sie die zu erhebenden Mengen und Zeiten aus dem zuvor festgelegten Zweck sowie gegebenenfalls vermuteten Optimierungspotenzialen und den abgeleiteten Rollen ab; je nach verfolgtem Zweck sind verschiedene Daten relevant, wie:
- Outputmenge
- Kosten
- Zeitbezogene Kennzahlen
- Qualitätskennzahlen

↓

3. Erhebungszeitpunkt festlegen

Bestimmen Sie gemeinsam mit dem Team, welche Daten wann zu erheben sind; der richtige Zeitpunkt hängt vom Zweck und von den zu erhebenden Daten ab
- Vor dem Prozessdurchlauf: bei ausreichender Prozesskenntnis, bei Unsicherheit zu Ansatzpunkten und Aufwandstreibern
- Während des Prozessdurchlaufs: nur zur Erhebung weniger ausgewählter Daten geeignet (zum Beispiel Bearbeitungsdauer)
- Nach dem Prozessdurchlauf: zur gezielten Datenabfrage auf Basis der identifizierten Optimierungspotenziale
- Zusätzlich nach der umgesetzten Optimierung: zur Messung der Zielerreichung und kontinuierlichen Verbesserung

↓

4. Methode der Datenerhebung bestimmen

Legen Sie die Methode der Datenerhebung und die Dokumentation der Ergebnisse fest; achten Sie darauf, dass die Daten mit vertretbarem Aufwand erhoben werden:
- Nutzung verfügbarer Auswertungen von Ist-Daten (zum Beispiel Reports, Analysen, systemgestützte Datenabfragen)
- Durchführung von zeitlich begrenzten Messungen für Hochrechnungen (zum Beispiel Zeiterfassungen, Strichlisten für Outputmengen)
- Einholung von Erfahrungswerten und Schätzungen

Letzter Schritt vor den Prozessdurchläufen ist die **Bereitstellung hilfreicher Checklisten und Leitfragen**, die das Team der Optimierer bei der Durchführung der Agilen Prozessoptimierung unterstützen

1 Ziele Ihrer Agilen Prozessoptimierung festlegen
Umfang der Agilen Prozessoptimierung bestimmen
Beteiligte an der Agilen Prozessoptimierung auswählen

2 Das Team für die Agile Prozessoptimierung einbinden und die Feinplanung durchführen
Das Team trainieren
Die Rollen im Team klären
Die Erhebung von Mengengerüsten und Zeiten planen
Das Team bei der Durchführung der Prozessdurchläufe unterstützen

3 Prozessdurchläufe durchführen

4 Prozessdurchläufe dokumentieren

5 Optimierte Prozesse entwickeln

6 Maßnahmen zur Umsetzung planen und durchführen

2.2.5 Wie kann ich mein Team optimal auf die Prozessdurchläufe vorbereiten?

Checkliste Kriterien für gute Prozesse

Rahmenbedingungen und Prozessmanagement

- ✓ Funktionale Arbeitsplatz-und Raumgestaltung inklusive effizienter Möglichkeiten der Kommunikation
- ✓ Verfügbarkeit und Erreichbarkeit erforderlicher Roh-, Hilfs-und Betriebsstoffe sowie Maschinen und Materialien
- ✓ Funktionale IT-Unterstützung inklusive geeigneter Ergonomie und Verfügbarkeit erforderlicher Daten in angemessener Qualität
- ✓ Verfügbarkeit weiterer zur Prozessausführung relevanter Werkzeuge
- ✓ Geeignete Arbeitsorganisation (inklusive Planung und Arbeitsvorbereitung), gegebenenfalls unter Einsatz agiler Methoden
- ✓ Klare Prozessdefinition unter Berücksichtigung der Anforderungen der Kunden
- ✓ Klare Rollenverteilung, gegebenenfalls unter Berücksichtigung des Kunden als „externer Produktionsfaktor"
- ✓ Ausstattung der Prozessbeteiligten mit erforderlichen Entscheidungskompetenzen und klare Entscheidungswege
- ✓ Praktikable Standards und Regeln mit angemessenem Handlungsspielraum
- ✓ Einheitliche und transparente Prozessabläufe mit ständigem Feedback zu Arbeitsstand und KPI
- ✓ Umfassendes Know-how zum Prozessablauf sowie zur Ausführung erforderlicher Verfahren und Methoden
- ✓ Geeignetes Wissensmanagement und Trainings zur Sicherstellung notwendiger Fähigkeiten und Fertigkeiten der Prozessausführenden

Effizienz/Kosten

- ✓ Fokussierung auf die jeweilige Aufgabe
- ✓ Geringer interner Kommunikationsbedarf
- ✓ Eliminierung nicht wertschöpfender Schritte
- ✓ Keine Doppelarbeiten
- ✓ Optimaler Automatisierungsgrad
- ✓ Keine System-und Medienbrüche

Zeit

- ✓ Vermeidung von Halbfertig-Erzeugnissen
- ✓ Vermeidung von Liege-und Wartezeiten
- ✓ Minimierung Rüstzeiten
- ✓ Vermeidung unnötiger Schnittstellen

Qualität

- ✓ Geringe Fehleranfälligkeit
- ✓ Sofortige Fehlerbehebung
- ✓ Hohe Prozessqualität im Erleben des internen und externen Kunden
- ✓ Hohe Ergebnisqualität auch aus Sicht des internen oder externen Kunden
- ✓ Hohe Zufriedenheit (Kunde und Team!)

Wie kann ich mein Team optimal bei den Prozessdurchläufen unterstützen?

Wichtig für das Gelingen eines Prozessdurchlaufs ist vor allem die **konstruktive Mitarbeit der Inputgeber**. Informieren Sie diese daher rechtzeitig vor dem Beginn der Prozessdurchläufe über die anstehende Prozessoptimierung und die Hintergründe.

Einen weiteren wichtigen Baustein für den Erfolg des Projekts haben Sie bereits mit der Schulung gelegt. Hier hat das Projektteam das **methodische und fachliche Wissen** zur Durchführung der Prozessdurchläufe erhalten.

Als weitere Unterstützung können Sie dem Team **Checklisten für die Prozessdurchläufe** zur Verfügung stellen. Die Checklisten können zum Beispiel eine Übersicht mit den **zu prüfenden Prozesskriterien** beinhalten (ein Beispiel für eine solche Checkliste, die sich am „magischen Dreieck" aus Kosten, Zeit und Qualität orientiert, bietet die Abbildung „Checkliste „Kriterien für gute Prozesse").

Wählen Sie die Kriterien mit Blick auf Ihr zuvor formuliertes Zielbild und die gemeinsam im Team erarbeiteten Outcomes aus. Bei Bedarf können Sie auch auf die einzelnen Perspektiven („Denkhüte") ausgerichtete Checklisten erstellen. So könnte beispielsweise für die fiktive Rolle eines „Agile Coach" eine gesonderte Checkliste erstellt werden. Mit dieser Liste prüft der Optimierer in seiner Rolle als „Agile Coach", ob agile Prinzipien in Ihrem Unternehmen umgesetzt und gelebt werden. Beispiele für entsprechende Leitfäden finden Sie unten.

Die Checklisten werden vom Teamleiter erstellt, der die Methode der Agilen Prozessoptimierung kennt und über das erforderliche Fachwissen verfügt. Er kann hierbei von den Teammitgliedern unterstützt werden, zum Beispiel wenn diese über spezielles Fachwissen in Bezug auf ihre jeweilige Rolle verfügen.

Gestalten Sie die Checklisten nicht zu umfangreich. Sie sollten so übersichtlich wie möglich sein. Die Aufmerksamkeit der Optimierer soll bei den Erläuterungen der Inputgeber liegen und nicht beim Lesen der Checkliste. Stellen Sie eine schnelle Überprüfung der Checklisten während der Durchläufe der einzelnen Prozessstationen sicher. Also bitte nicht mehr als eine Seite pro Checkliste.

Leitfaden für den Prozessdurchlauf: Rolle „Agile Coach“

Rolle	**Agile Coach**	„Ich glaube, dass wir in diesem Prozess noch nicht agil genug arbeiten, und prüfe daher die Agilität!“
Bearbeiter		
Datum		

Versetzen Sie sich beim Prozessdurchlauf in die jeweilige Rolle. Betrachten Sie den Prozess, stellen Sie den Inputgebern Fragen und machen Sie sich für die jeweilige Prozessstation Notizen dazu, wie gut der Prozess aus der Perspektive der Rolle umgesetzt ist. Die nachfolgenden „Trigger“-Fragen sollen Sie hierbei unterstützen.

Prozessstation: XY	
Nr.	**„Trigger“-Frage**
1	Wird nach kontinuierlicher Verbesserung gestrebt (zum Beispiel indem der Ablauf regelmäßig überprüft und auf Basis der Erkenntnisse verbessert und/oder neu gedacht wird)?
2	Wird das Umfeld fortlaufend beobachtet und werden das eigene Verhalten und Vorgehen vor diesem Hintergrund regelmäßig reflektiert?
3	Wird konsequent und am Kundennutzen orientiert priorisiert?
4	Schaffen wir ausreichende Transparenz, indem die Ziele und wichtige Kontextinformationen kommuniziert werden?

Prozessstation: XY	
Nr.	**„Trigger"-Frage**
5	Werden Hindernisse aktiv und schnellstmöglich durch direkte Kommunikation zwischen den Beteiligten überwunden?
6	Wird dauerhaft hohe Leistung durch die Eliminierung von Verschwendung gefördert?
7	Wird ein möglichst gleichförmiger Arbeitsfluss geschaffen oder kommt es zu unnötigen Belastungsschwankungen?
8	Werden, wo immer sinnvoll, funktionsübergreifende Teams zur Betrachtung des Ganzen gebildet?
9	Wird aktiv auf eine akzeptierte Verantwortung hingewirkt?
10	Ist der Prozess so gestaltet, dass das Wissen vom und über den Kunden genutzt werden kann?
11	Erfolgt die Planung in einem für schrittweises Vorgehen geeigneten Horizont und werden hierbei die Umsetzenden eingebunden?
12	Werden agile Methoden und Praktiken eingesetzt? Falls nein, sind diese gegebenenfalls sinnvoll einsetzbar?
13	Weitere Anmerkungen:

Leitfaden für den Prozessdurchlauf: Rolle „Kunde“

Rolle	**Kunde** 	„Ich betrachte den Prozess aus Sicht des Kunden und prüfe insbesondere die Reaktionszeiten in der Interaktion!“
Bearbeiter		
Datum		

Versetzen Sie sich beim Prozessdurchlauf in die jeweilige Rolle. Betrachten Sie den Prozess, stellen Sie den Inputgebern Fragen und machen Sie sich für die jeweilige Prozessstation Notizen dazu, wie gut der Prozess aus der Perspektive der Rolle umgesetzt ist. Die nachfolgenden „Trigger“-Fragen sollen Sie hierbei unterstützen.

Prozessstation: XY	
Nr.	**„Trigger“-Frage**
1	Wird die Kundenperspektive als Bestandskunde sowie als Neukunde ausreichend gewürdigt?
2	Inwiefern ist der Prozess auf die Erfüllung Ihrer Wünsche als Kunde ausgerichtet?
3	Ist den Beteiligten klar, welche Faktoren maßgeblich den Erfolg aus Kundensicht ausmachen?
4	Orientiert sich der Prozess mit Blick auf die Faktoren Zeit, Qualität und Kosten an den Kundenbedürfnissen und -wünschen?

Prozessstation: XY	
Nr.	„Trigger"-Frage
5	Wenn Sie den Faktor „Zeit" betrachten: Werden die Kunden in optimaler Zeit bedient?
6	Wird mit Ihnen als Kunde schnell und verbindlich kommuniziert?
7	Werden der kurzfristige und der mittelfristige/langfriste Erfolg beim Kunden sichergestellt?
8	Ist der Prozess anschlussfähig für die Prozesse des Kunden gestaltet oder gibt es Hindernisse für den Erfolg aus Kundensicht?
9	Was könnte den Erfolg aus Kundensicht erhöhen?
10	Gibt es etwas, das zu einer Enttäuschung bei Ihnen als Kunde führen könnte?
11	Gibt es etwas, das Sie als Kunde begeistern könnte?
12	Weitere Anmerkungen:

Leitfaden für den Prozessdurchlauf: Rolle „Standards und Regeln“

Rolle	**Standards und Regeln**  „Ich achte darauf, ob die bestehenden Standards und Regeln eingehalten werden und noch praktikabel sind!“
Bearbeiter	
Datum	

Versetzen Sie sich beim Prozessdurchlauf in die jeweilige Rolle. Betrachten Sie den Prozess, stellen Sie den Inputgebern Fragen und machen Sie sich für die jeweilige Prozessstation Notizen dazu, wie gut der Prozess aus der Perspektive der Rolle umgesetzt ist. Die nachfolgenden „Trigger“-Fragen sollen Sie hierbei unterstützen.

Prozessstation: XY	
Nr.	**„Trigger“-Frage**
1	Ist den Beteiligten klar, wann der Output ausreichend weit fertiggestellt ist, sodass er an die nachfolgende/n Prozessstation/en übergeben werden kann (Definition of Done/of Ready)?
2	Gibt es weitere relevante Standards und Regeln (zum Beispiel allseits bekannte Praxis, Arbeitsanweisungen, Handouts und Manuals, Darstellungen von Rollen und Prozessen)? Und sind diese noch praktikabel? Bieten sie zum Beispiel einen angemessenen Handlungsspielraum?
3	Sind diese Standards und Regeln allen Beteiligten bekannt?

Prozessstation: XY	
Nr.	**„Trigger"-Frage**
4	Werden Sonderfälle in geeignetem Maß berücksichtigt?
5	Haben Sie Ideen, welche Standards fehlen oder wie die Standards verbessert werden könnten?
6	Bei welchen Themenbereichen könnte eine erhöhte Standardisierung der Arbeit Vorteile haben? Bei welchen besteht eine Überregulierung?
7	Gibt es aktuell relevante Nachteile durch die bestehende Standardisierung?
8	Gäbe es relevante Nachteile durch eine erhöhte Standardisierung?
9	Weitere Anmerkungen:

Leitfaden für den Prozessdurchlauf: Rolle „Entscheidungs- und Steuerungsprozesse"

Rolle	**Entscheidungs- und Steuerungsprozesse**  „Ich prüfe, ob die Entscheidungs- und Steuerungsprozesse optimal gestaltet sind!"
Bearbeiter	
Datum	

Versetzen Sie sich beim Prozessdurchlauf in die jeweilige Rolle. Betrachten Sie den Prozess, stellen Sie den Inputgebern Fragen und machen Sie sich für die jeweilige Prozessstation Notizen dazu, wie gut der Prozess aus der Perspektive der Rolle umgesetzt ist. Die nachfolgenden „Trigger"-Fragen sollen Sie hierbei unterstützen.

Prozessstation: XY	
Nr.	**„Trigger"-Frage**
1	Sind die Entscheidungs- und Steuerungsprozesse den Beteiligten klar?
2	Sind die Entscheidungs- und Steuerungsprozesse geeignet gestaltet?
3	Werden die richtigen Kriterien bei den Entscheidungen und der Steuerung des Prozesses berücksichtigt?

Prozessstation: XY	
Nr.	**„Trigger"-Frage**
4	Sind die Entscheidungsprozesse ausreichend schnell?
5	Wird die Qualität des Outputs bei den Entscheidungsprozessen geeignet berücksichtigt?
6	Gibt es unklare Entscheidungswege?
7	Werden die Entscheidungsprozesse ausreichend pragmatisch durchgeführt?
8	Bestehen auch für wichtige Sonderfälle klare und funktionierende Entscheidungsprozesse?
9	Weitere Anmerkungen:

Leitfaden für den Prozessdurchlauf: Rolle „Kosten und Effizienz“

Rolle	Kosten und Effizienz  „Ich achte ganz besonders auf die Kosten und Effizienz des Prozesses!“
Bearbeiter	
Datum	

Versetzen Sie sich beim Prozessdurchlauf in die jeweilige Rolle. Betrachten Sie den Prozess, stellen Sie den Inputgebern Fragen und machen Sie sich für die jeweilige Prozessstation Notizen dazu, wie gut der Prozess aus der Perspektive der Rolle umgesetzt ist. Die nachfolgenden „Trigger“-Fragen sollen Sie hierbei unterstützen.

Prozessstation: XY	
Nr.	„Trigger“-Frage
1	Können sich die Prozessbeteiligten ausreichend auf ihre jeweiligen Aufgaben fokussieren? Oder kommt es zu vielen parallelen Arbeitsschritten?
2	Erfolgen Abstimmungen auf geeignetem Weg (zum Beispiel schriftlich, Face-to-Face, Meetings etc.) und in geeigneter Häufigkeit und Besetzung?
3	Entsteht Aufwand durch nicht wertschöpfende Tätigkeiten?

Prozessstation: XY	
Nr.	„Trigger"-Frage
4	Gibt es vermeidbare System- und Medienbrüche, die zu Mehraufwand oder Doppelarbeiten (zum Beispiel doppelte Datenpflege) führen?
5	Entsteht unnötiger Mehraufwand durch fehlende Standardisierung?
6	Entsteht unnötiger Mehraufwand durch unklare Verantwortlichkeiten?
7	Ist den Beteiligten bewusst, was unnötigen Aufwand schafft?
8	Könnten die heutigen Tätigkeiten durch eine geeignete IT-Unterstützung stärker automatisiert werden – bei gleichzeitiger Wahrung der erforderlichen Qualität?
9	Ist den relevanten Beteiligten transparent, welche Kosten anfallen, und werden diese ausreichend berücksichtigt (zum Beispiel Kosten aus dem Einsatz von Personal, Dienstleistern, Betriebsmitteln und Material)?
10	Wie könnten die Kosten beim Personal-, Dienstleister-, Betriebsmittel- und Materialeinsatz optimiert werden? Welche ersten Ansätze haben Sie gegebenenfalls dazu?
11	Stellen Sie sich vor, Sie würden die Kosten deutlich reduzieren. Würde dies erhebliche Auswirkungen zum Beispiel auf die Qualität der Prozess-Outputs haben?
12	Weitere Anmerkungen:

Zusammenfassung: Vorgehen Vorbereitung des Teams auf die Prozessdurchläufe

Datenerhebung ist initiiert →

1. Inputgeber informieren

Informieren Sie die Inputgeber rechtzeitig vor den Prozessdurchläufen über das Vorhaben und die Hintergründe, damit diese konstruktiv mitarbeiten → sollte bereits im Rahmen der **Feinplanung** erfolgt sein

2. Methodisches und fachliches Wissen vermitteln

Vermitteln Sie dem Team der Optimierer das erforderliche methodische und fachliche Wissen zur Durchführung der Prozessdurchläufe → sollte bereits im Rahmen der **Schulung** erfolgt sein

3. Hilfreiche Checklisten und Leitfragen bereitstellen

Überlegen Sie, welche weiteren Hilfsmittel, wie Checklisten und Leitfragen, eine wirkliche Unterstützung beim Prozess durchlauf sein könnten, und achten Sie bei der Erstellung darauf, dass diese an dem spezifischen Prozess ausgerichtet sind

Achtung: Geben Sie den Optimierern nicht zu viele und nicht zu umfangreiche Hilfsmittel an die Hand; sie sollen sich beim Durchlauf auf den Prozess und die Erläuterungen der Inputgeber und nicht auf die Checklisten konzentrieren

Mögliche nützliche Hilfsmittel:

- Checkliste mit zu prüfenden Prozesskriterien
- Leitfragen zur Identifizierung von Optimierungsansätzen aus Sicht der jeweiligen Rolle/Perspektive
- Allgemeine Triggerfragen zum Verständnis des Prozesses und zur Identifizierung von Optimierungsansätzen

Jetzt können Sie **mit der Durchführung des ersten Prozessdurchlaufs starten!**

1 Ziele Ihrer Agilen Prozessoptimierung festlegen
Umfang der Agilen Prozessoptimierung bestimmen
Beteiligte an der Agilen Prozessoptimierung auswählen

2 Das Team für die Agile Prozessoptimierung einbinden und die Feinplanung durchführen
Das Team trainieren
Die Rollen im Team klären
Die Erhebung von Mengengerüsten und Zeiten planen
Das Team bei der Durchführung der Prozessdurchläufe unterstützen

3 — — Prozessdurchläufe durchführen

4 Prozessdurchläufe dokumentieren

5 Optimierte Prozesse entwickeln

6 Maßnahmen zur Umsetzung planen und durchführen

2.3 Prozessdurchläufe durchführen

Wie werden die Prozessdurchläufe durchgeführt?

Nachdem die Rollen im Team festgelegt und die Checklisten verteilt sind, durchläuft das Team aus Optimierern **gemeinsam** den Prozess. Wo immer möglich, sichtet das Team den Ablauf **vor Ort**, direkt an der jeweiligen Arbeitsstation **Schritt für Schritt**. Eine Sichtung vor Ort führt zu deutlich mehr Eindrücken und Erkenntnissen, da das Team den Rahmen wahrnimmt, in dem die Arbeit ausgeführt wird. Das ist gerade in produzierenden Einheiten wichtig, da das Arbeitsumfeld die Prozessqualität stark beeinflussen kann. Aber auch in der Verwaltung und bei Wissensarbeitern nimmt zum Beispiel die Raumgestaltung und die Verfügbarkeit von Räumen Einfluss auf die Kommunikation und die Abläufe. Weiterhin werden die Inputgeber so in ihrem gewohnten Umfeld befragt. Sie fühlen sich in der Regel wohler und können spontan Fragen an Kollegen weiterreichen.

Nach kurzer Begrüßung und Einleitung erläutern die Inputgeber die einzelnen Arbeitsschritte, die angewandten Arbeitsmethoden und Regeln. Gemeinsam kann hierbei auch ein Blick in die Anwendung der den Prozessschritt unterstützenden IT-Systeme erfolgen.

Triggerfragen unterstützen das Team und den Inputgeber bei der Erlangung des notwendigen Inputs:

- Was löst den Prozess aus?
- Welches sind die einzelnen Arbeitsschritte?
- Wie wird die Aufgabe konkret bearbeitet?
- Was wird an diesem Punkt benötigt?
- Welches sind typische Hindernisse und Fehlerquellen?
- Welche Ausnahmen gibt es?
- Wann, warum und wie erfolgt ein Transfer zum nächsten Prozessschritt?

Tipp!

Im Prozessdurchlauf sollten Sie darauf achten, dass Sie die Sichtung der einzelnen Prozessschritte auf einem geeigneten Abstraktionsniveau vornehmen. Lassen Sie sich nicht jeden einzelnen Klick im System zeigen. Mit etwas Übung entwickeln Sie ein Gespür dafür, was wirklich relevant ist und wo die Hebel für das größte Verbesserungspotenzial liegen.

Den Prozess Schritt für Schritt durchlaufen

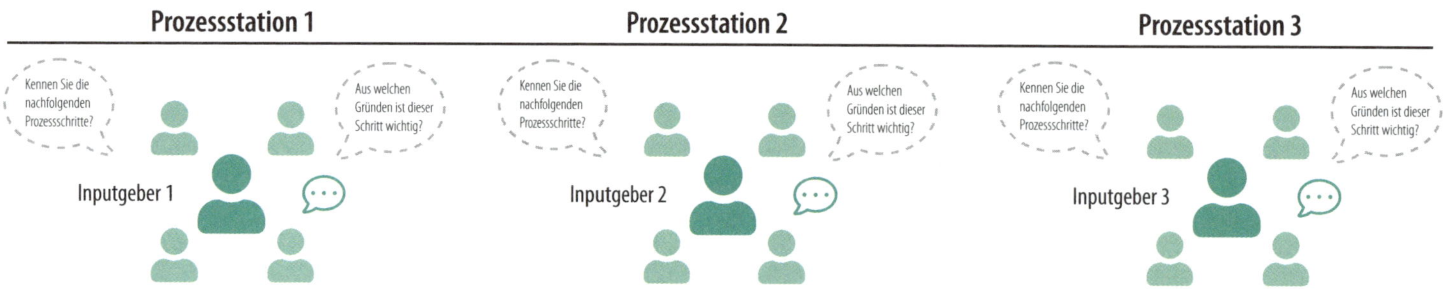

Schwachstellen im Ablauf und mögliche Optimierungsansätze werden mit Hilfe dieser weitergehenden Fragestellungen transparent:

- Aus welchen Gründen ist dieser Schritt wichtig?
- Wie wird an diesem Schritt ein Mehrwert geschaffen?
- Was ist für die Ausführung des Schrittes wichtig oder kritisch?
- Wird dieser Schritt immer gleich durchgeführt?
- Aus welchen Gründen wird der Schritt so und nicht anders durchgeführt?
- Welches sind häufige, welches besonders schwerwiegende Hindernisse und Fehler im Vorlauf zu diesem Schritt?
- Welches sind häufige, welches besonders schwerwiegende Hindernisse und Fehler bei diesem Schritt?
- Welches sind häufige, welches besonders schwerwiegende Hindernisse und Fehler bei den nachfolgenden Prozessschritten?
- Inwiefern kennen die Bearbeiter die nachfolgenden Prozessschritte?
- Wie erfolgen Schulungen/die Einarbeitung zur optimalen Ausführung des Prozesses?
- Was würden Sie anders machen (können/dürfen)?

Die weiteren Teammitglieder stellen Verständnisfragen und reflektieren den Input mit Blick auf die ihnen zugewiesenen Rollen. Bei Bedarf fragen Sie nach, um weitere Erkenntnisse zu erlangen und Unklarheiten zu beseitigen. Hierbei müssen selbstverständlich nicht alle Fragen der zur Verfügung gestellten Checklisten und Leitfäden gestellt werden.

Die Inputgeber geben offen Auskunft und beantworten die Fragen, soweit sie können. Sofern erforderlich holen die Inputgeber vertiefende Informationen im Nachgang ein. Bei Bedarf werden weitere Experten zur Klärung befragt. Dies kann zum Teil noch während des Durchlaufs erfolgen oder im Nachgang zum eigentlichen Prozessdurchlauf. Das Vorgehen zur nachgelagerten Klärung von Fragen wird im Rahmen des Debriefings abgestimmt.

Nach Abschluss der Informationsaufnahme an einer Prozessstation begibt sich das Team zur nächsten Prozessstation. So wird der gesamte Prozess Schritt für Schritt betrachtet und es wird transparent, was mit den erarbeiteten Teiloutputs einer Station geschieht und wie diese weiterverarbeitet werden. Das Team überschreitet dabei Abteilungsgrenzen und kann so gut beobachten, an welchen Stellen diese zu Herausforderungen führen. Im Fokus steht der gesamte zu betrachtende Prozess **von Anfang bis Ende** und nicht die abteilungsinterne Arbeit.

Jedes Teammitglied betrachtet die einzelnen Prozessschritte und den Gesamtprozess. Auffälligkeiten, erste Eindrücke und Ideen für Verbesserungsansätze dokumentiert jeder auf einem Notizblock, Klemmbrett oder Tablet beziehungsweise bei digitalen Prozessdurchläufen direkt im angewendeten Tool.

> **Tipp!**
>
> **Einen vertieften Einblick in Probleme an den Schnittstellen der Prozessstationen erhalten Sie, wenn Sie den Inputgeber einer vorgelagerten Station zur nachgelagerten Station mitnehmen. So erhalten Sie direkt aus Perspektive beider Prozessstationen Input.**

Fokussieren Sie bei der **Dokumentation** die **Schlüsselpunkte**. Im Vordergrund stehen in der Regel die Hindernisse, Probleme, Fehler und vor allem **Verbesserungsansätze**, nicht die detailgetreue Dokumentation aller Prozessschritte (eine Ausnahme hierzu bilden Prozessdurchläufe, in deren Rahmen auch Anforderungen an die künftige Systemunterstützung aufgenommen werden sollen).

Die Rolle des Weißen Huts skizziert den Prozessablauf so grob wie möglich und so umfangreich wie nötig. Es hat sich bewährt, dies auf einem mitführbaren Flipchart zu tun, um jederzeit einen Blick auf die bereits durchlaufenen Prozessstationen werfen zu können. Auch bei virtuellen Prozessdurchläufen erfolgt direkt eine Dokumentation, dann aber im jeweils verwendeten Tool **(siehe Kapitel 3)**.

Jeder Optimierer bringt seine Erkenntnisse aus dem Prozessdurchlauf später in die Gesamtbetrachtung ein. Als erster Schritt erfolgt hierzu direkt im Anschluss an den Prozessdurchlauf eine kurze Nachbetrachtung zum Durchlauf – ein **Debriefing**.

Debriefing: Wie werden die Erkenntisse aus dem Prozessdurchlauf zusammengetragen?

Setzen Sie sich direkt nach dem Prozessdurchlauf mit dem Team für ein **Debriefing** zusammen. Tauschen Sie **erste Erkenntnisse zum betrachteten Prozess**, aber auch zum Vorgehen des Prozessdurchlaufs aus. Führen Sie eine **Retrospektive der Vorgehensweise** durch, um beim nächsten Durchlauf noch ein Stückchen besser zu werden. Ganz nach den agilen Prinzipien der kontinuierlichen Verbesserung und des beständigen Lernens.

Für das Debriefing steht in der Regel nur wenig Zeit zur Verfügung, sofern es direkt im Anschluss an den Prozessdurchlauf erfolgen soll (alternativ kann es am nächsten Morgen durchgeführt werden). Der Teamleiter oder Moderator erstellt eine Agenda. Er ist gleichzeitig der Timekeeper. Jedes Teammitglied erhält zum Beispiel fünf Minuten, um seine ersten Eindrücke aus dem Prozessdurchlauf mit dem Team zu teilen. Bitte gehen Sie hierbei nicht zu detailliert auf einzelne Verbesserungsansätze ein. Diese werden später im Rahmen eines Optimierungsworkshops gesammelt und gemeinsam bewertet.

Neben einer ersten Einschätzung des gesichteten Prozesses gibt jeder auch eine kurze Einschätzung zum Vorgehen des Durchlaufs. Werfen Sie gemeinsam einen Blick zurück:

- Wie ist die Stimmung bei jedem Einzelnen nach dem Durchlauf?
- Was hat warum funktioniert?
- Was hat warum nicht funktioniert?
- Kommt jeder mit seiner Rolle klar?
- Welche Punkte sind offen geblieben beziehungsweise bedürfen einer vertieften Betrachtung?
- Kommunizieren wir gut mit den Inputgebern?
- Was können wir beim nächsten Durchlauf noch besser machen?

Reihum trägt jedes Teammitglied seine Einschätzung in die Runde. Der Teamleiter oder Moderator sammelt die Ergebnisse für alle sichtbar, zum Beispiel auf einem Flipchart. Gemeinsam betrachten Sie nun die gesammelten Erkenntnisse und legen fest, welche Teammitglieder im Nachgang welche weiteren Aufgaben wie die Vertiefung von Einzelaspekten, die Erhebung von Daten und die Prozessdokumentation bearbeiten.

In einem vom Teamleiter/Moderator moderierten Prozess leiten Sie sodann Learnings für den nächsten Prozessdurchlauf ab. Passen Sie das Vorgehen bei Bedarf für den nächsten Prozessdurchlauf an. Sie verbessern so iterativ Ihre Vorgehensweise und verfeinern sie.

Zusammenfassung: Vorgehen Durchführung der Prozessdurchläufe

Vorbereitung beendet →

1. Inputgeber begrüßen und Vorhaben erläutern	Begrüßen Sie zunächst den Inputgeber der jeweiligen zu sichtenden Prozessstation und führen Sie kurz in das Vorhaben ein; dies erfolgt in der Regel durch den Inhaber der Rolle „Weißer Hut" oder den Teamleiter/Moderator
2. Prozess gemeinsam von Station zu Station durchlaufen	Die Optimierer sichten gemeinsam den Prozess Schritt für Schritt von Anfang bis Ende – nach Möglichkeit vor Ort direkt an der jeweiligen Arbeitsstation des Inputgebers, so können das Arbeitsumfeld und abteilungsübergreifende Übergaben ebenfalls geprüft werden; nehmen Sie bei Bedarf den Inputgeber der vorgelagerten Station mit zur nachgelagerten Station Die Inputgeber erläutern die Arbeitsschritte, angewandte Arbeitsmethoden und Regeln sowie bei Bedarf den Systemeinsatz
3. Verständnisfragen klären	Die Optimierer stellen Verständnisfragen und Rückfragen zur Erlangung relevanter Erkenntnisse; hierbei können die bereitgestellten Leitfragen je Rolle, allgemeine Triggerfragen und weitere Checklisten hilfreich sein (s. Abschnitt 2.2.5)
4. Erkenntnisse notieren	Jeder Optimierer dokumentiert die aus seiner Rolle heraus identifizierten Auffälligkeiten (zum Beispiel Hindernisse, Probleme, Fehler), erste Eindrücke und Ideen für Verbesserungsansätze (auf einem Notizblock/Klemmbrett/Tablet) Der „Weiße Hut" skizziert den groben Prozessablauf nach Möglichkeit auf einem mitgeführten Flipchart für alle ersichtlich
5. Debriefing (Nachbetrachtung) durchführen	Führen Sie direkt im Anschluss an den Prozessdurchlauf gemeinsam im Team eine kurze Nachbetrachtung des Prozessdurchlaufs durch, um erste Erkenntnisse zum betrachteten Prozess, aber auch zum Vorgehen des Durchlaufs zusammenzutragen, und passen Sie bei Bedarf die Vorgehensweise für den nächsten Durchlauf an; legen Sie zudem fest, welche weitergehenden Aufgaben durch wen zu bearbeiten sind; die Verbesserungsansätze werden später im Rahmen des Optimierungsworkshops gesammelt und im Detail bewertet
6. Prozessdokumentation vorbereiten	Legen Sie gemeinsam im Debriefing fest, welche Teammitglieder die Prozessdokumentation erstellen und ich welcher Form dies erfolgen soll

Im nächsten Schritt **dokumentieren Sie den Prozess und die Erkenntnisse aus dem Prozessdurchlauf** für die weitere Bearbeitung im Optimierungsworkshop

2.4 Prozessdurchläufe dokumentieren

1 Ziele Ihrer Agilen Prozessoptimierung festlegen
Umfang der Agilen Prozessoptimierung bestimmen
Beteiligte an der Agilen Prozessoptimierung auswählen

2 Das Team für die Agile Prozessoptimierung einbinden und die Feinplanung durchführen
Das Team trainieren
Die Rollen im Team klären
Die Erhebung von Mengengerüsten und Zeiten planen
Das Team bei der Durchführung der Prozessdurchläufe unterstützen

3 Prozessdurchläufe durchführen

4 **Prozessdurchläufe dokumentieren**

5 Optimierte Prozesse entwickeln

6 Maßnahmen zur Umsetzung planen und durchführen

Prozesse in geeigneter Form dokumentieren

Swimlane-Darstellung

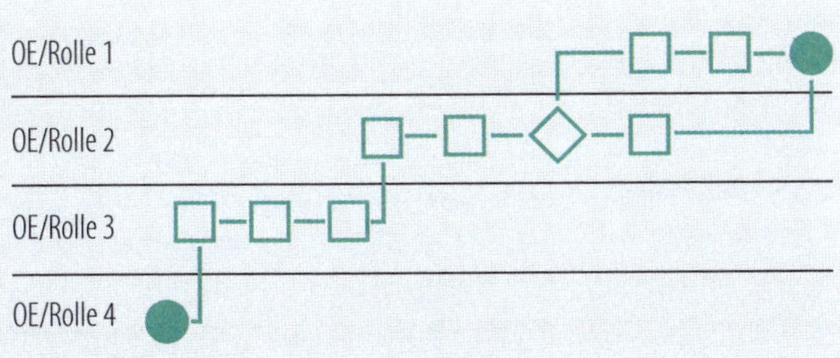

Flussdiagramm

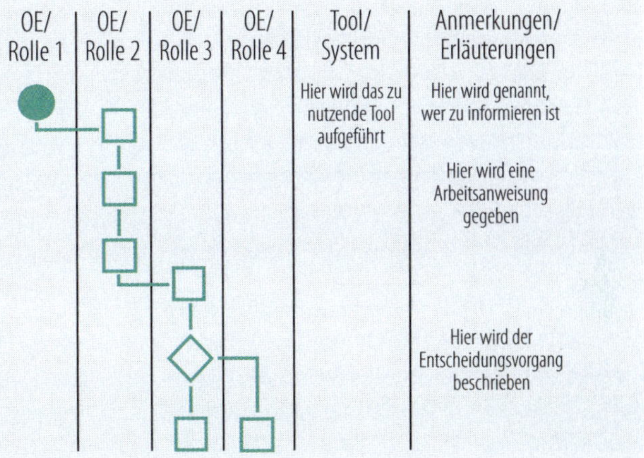

Tabellarische Darstellung

Nr.	Prozessschritt	Wer	Input	Output	Tool/System	Anmerkung	Optimierungsansatz	Mengen/Zeiten	Einsparung
1	Ereignis								
2	Aktivität 1								
3	Aktivität 2								
4	Aktivität 3								
5	Aktivität 4								
6	Entscheidung								
7a	Aktivität a								
7b	Aktivität b								

BPMN-Darstellung

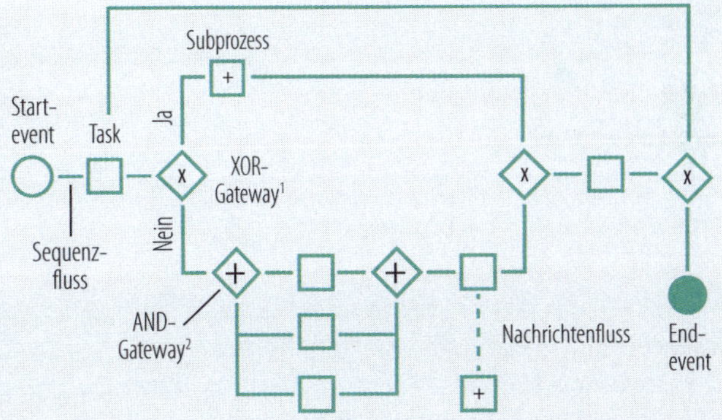

[1] Entweder-oder-Entscheidung
[2] UND-Verzweigung (alle möglichen ausgehenden Sequenzflüsse werden gleichzeitig ausgeführt)

● = Ereignis (löst Prozess aus, beeinflusst oder beendet ihn)
◇ = Entscheidungsdiamant (zeigt verschiedene Handlungsstränge auf)
□ = Aktivität (kann mehrere Einzelaufgaben umfassen, die von einer Rolle in einem Zug bearbeitet werden)
OE = Organisationseinheit **BPMN** = Business Process Model and Notation

Wie werden die Prozesse und Erkenntnisse aus dem Durchlauf dokumentiert?

Die Methode der Agilen Prozessoptimierung setzt auf eine praxisnahe und agile Vorgehensweise statt auf aufwändige Dokumentationen. Denn häufig verschwinden die mit viel Aufwand dokumentierten Prozesse in der Schreibtischschublade oder auf einem Laufwerk. Daher wird eine **schlanke Dokumentationsform** der Prozessdurchläufe empfohlen. Überlegen Sie vor der Dokumentation der Prozessdurchläufe genau, was Sie erreichen wollen und welche Dokumentationsform hierfür am besten geeignet ist. Dokumentieren Sie die Ergebnisse so pragmatisch wie möglich. Es steht Ihnen selbstverständlich frei, Ihre Prozesse auch detailliert abzubilden. Sie müssen daher entscheiden, welche beschreibenden Parameter Sie zu diesem Zeitpunkt verwenden und welches Werkzeug Sie einsetzen.

Welche beschreibenden Parameter verwenden wir?

- Im einfachsten Fall sind dies lediglich die Ereignisse, Aktivitäten und Verzweigungen sowie die involvierten Bereiche (zum Beispiel in einer Swimlane-Darstellung, siehe Abbildung „Prozesse in geeigneter Form dokumentieren").
- Es können verschiedene Ereignisarten unterschieden werden; ein immer relevantes Ereignis ist das den Prozess auslösende Ereignis. Dies kann eine eingehende Information oder das Eintreten einer gewissen Zeit wie jeden letzten Werktag des Monats sein. Weitere Ereignisse sind die Eskalation durch Intervention einer höheren Verantwortungsebene, das Eintreten eines Fehlers oder das Aufspalten in verschiedene Subprozesse sowie die Zusammenführung von Subprozessen. Und schließlich stellt auch der Abschluss des Prozesses ein Ereignis dar.
- Flussdiagramme zeigen weitere Parameter, zum Beispiel können hier die eingesetzten Systeme und Tools mit dargestellt werden
- In tabellarischen Darstellungen können Mengengerüste dargestellt und Rechenoperationen durchgeführt werden
- Mit Business Process Model and Notation (BPMN) können darüber hinaus vielfältige Informationen hinterlegt werden, zum Beispiel viele weitere Arten von Ereignissen, Gateways (also Verzweigungen), Aufgaben-Typen, Konversationen etc.

Welches Werkzeug setzen wir ein?

- Im einfachsten Fall verwenden Sie Haftnotizen
- Sie können auch „Digitale Whiteboards" verwenden (siehe Kapitel 3)
- Auch Office-Anwendungen wie Excel oder PowerPoint können verwendet werden
- Weiterhin können Sie umfängliche Prozessmanagementtools verwenden; mit diesen können Sie zum Beispiel Simulationsrechnungen durchführen und Ihre Prozesse fortlaufend aktuell halten, sodass alle Beteiligten diese jederzeit in der aktuell gültigen Version sichten und Prozess-Owner Veränderungen vornehmen können

Je nach Zielstellung und Umfang der Prozessoptimierung sind verschiedene Dokumentationsformen geeignet. Dokumentieren Sie den durchlaufenen Prozess plakativ mit Hilfe von realen oder digitalen **Haftnotizen oder Metaplan-Karten**, wenn Sie im Rahmen der Entwicklung von Lösungsansätzen schnell verschiedene Iterationen durchführen möchten. Sie können so im Team den Prozess gemeinsam an einer Pinnwand betrachten und verschiedene Szenarien durch Verschieben oder Austauschen von Karten durchspielen. Alternativ kann ein digitales Tool eingesetzt werden, das eine schnelle und einfache Erfassung erlaubt und so Iterationen unterstützt.

Stehen primär quantifizierbare Optimierungspotenziale im Vordergrund Ihres Vorhabens, eignet sich die Dokumentation in einer **Excel-Tabelle**. Halten Sie hier den groben Prozessablauf mit den wichtigsten Schritten, den Prozessbeteiligten und den identifizierten Optimierungspotenzialen fest. Sie können die Tabelle nach Belieben erweitern. So können Sie zum Beispiel auch Durchlaufzeiten, konkrete Maßnahmen, Investitionen und geschätzte Einsparungen festhalten und berechnen.

Sie können auch **Tools zum Prozessmanagement**, wie Aris, Signavio und Co., einsetzen. Beim Einsatz entsprechender Tools ist es ratsam, zunächst lediglich die für die Entwicklung von Optimierungsansätzen erforderlichen Informationen zu hinterlegen.

Wichtig ist, dass Sie die Erkenntnisse aus den verschiedenen Perspektiven der Optimierer und gegebenenfalls die erhobenen Mengengerüste und Zeitangaben so dokumentieren, dass Sie damit weiterarbeiten können. So können Sie im nächsten Schritt gemeinsam im Team auf dieser Basis Optimierungsansätze entwickeln. Stellen Sie dies sicher, indem Sie die Prozessdokumentation im Umlaufverfahren oder einem Teammeeting qualitätssichern und das gesamte Team bei Bedarf Ergänzungen und Korrekturen einbringen kann:

- Ist der Ablauf umfänglich dargestellt oder fehlen noch wichtige Aspekte?
- Ist der Ablauf korrekt dargestellt?
- Sind die vorgesehenen weitergehenden Informationen wie zum Beispiel unterstützende IT-Systeme vollständig?

Weiterhin sollten alle Teammitglieder die Dokumentation um folgende Punkte anreichern:

- Hindernisse: Welche Hindernisse habe ich in welchem Prozessschritt aufgenommen/erkannt?
- Probleme: Welche Probleme sind bei welchem Prozessschritt sowie übergreifend aufgetreten?
- Fehler: Welche Fehler sind erkennbar geworden?
- Fehlerquellen: Welches sind aus meiner Sicht die Ursachen für Fehler?
- Ideen zur Optimierung: Welche Optimierungsideen kann ich einbringen im Hinblick auf einzelne Prozessschritte sowie übergreifend?

Der Teamleiter/Moderator oder ein anderes Teammitglied sollte diesen Input aufnehmen und zusammenführen. So verfügen Sie über eine gute Basis für den nächsten Schritt, die Prozessoptimierung.

Zusammenfassung: Vorgehen Dokumentation der Prozessdurchläufe

Prozess vollständig gesichtet →

1. Zweck der Dokumentation klären	Überlegen Sie gemeinsam im Team vor der Dokumentation der Prozessdurchläufe, was Sie mit der Dokumentation erreichen möchten und wie Sie auf dieser Basis pragmatisch Optimierungsansätze ableiten und diskutieren können
2. Parameter und Darstellungsform festlegen	Legen Sie gemeinsam fest, welche Daten, Mengengerüste und Parameter (Ereignisse, Aktivitäten, Verzweigungen im Prozess, involvierte Bereiche, eingesetzte Systeme und Tools etc.) relevant sind und welche Darstellungsform (zum Beispiel-Swimlane Darstellung, Flussdiagramm, tabellarische Darstellung, BPMN-Darstellung) hierfür geeignet ist
3. Werkzeug für die Dokumentation auswählen	Entscheiden Sie auf Basis Ihrer Zielstellung und des Umfangs Ihrer Prozessoptimierung, mit welchem Werkzeug oder Tool die Prozesse dokumentiert werden sollen – diese reichen von einfachen Haftnotizen über digitale Whiteboards und Office-Anwendungen bis hin zu umfassenden Prozessmanagementtools
4. Prozess dokumentieren	Überführen Sie die Basis-Dokumentation aus den Prozessdurchläufen in die verabschiedete Darstellungs- und Dokumentationsform und berücksichtigen Sie hierbei gegebenenfalls erhobene Mengengerüste und Zeitangaben
5. Dokumentation qualitätssichern und anreichern	Die Prozessdokumentation sollte im Umlaufverfahren oder in einem Teammeeting qualitätsgesichert und zusätzlich von allen Optimierern um Erkenntnisse zu Hindernissen, Problemen, Fehlern und Fehlerquellen sowie um Ideen zur Optimierung ergänzt werden
6. Erkenntnisse zusammenführen	Führen Sie die aus den verschiedenen Perspektiven eingebrachten Erkenntnisse in geeigneter Form zusammen; dies kann durch den Teamleiter/Moderator oder ein anderes Teammitglied erfolgen

Auf dieser Basis können Sie im nächsten Schritt **gemeinsam im Team optimierte Prozesse entwickeln**

1 Ziele Ihrer Agilen Prozessoptimierung festlegen
Umfang der Agilen Prozessoptimierung bestimmen
Beteiligte an der Agilen Prozessoptimierung auswählen

2 Das Team für die Agile Prozessoptimierung einbinden und die Feinplanung durchführen
Das Team trainieren
Die Rollen im Team klären
Die Erhebung von Mengengerüsten und Zeiten planen
Das Team bei der Durchführung der Prozessdurchläufe unterstützen

3 Prozessdurchläufe durchführen

4 Prozessdurchläufe dokumentieren

5 – – **Optimierte Prozesse entwickeln**

6 Maßnahmen zur Umsetzung planen und durchführen

2.5 Optimierte Prozesse entwickeln

Wie gehen wir zur Konzeption des verbesserten Prozesses vor?

Erste Gedanken zur Optimierung des Prozesses machen sich die Teammitglieder bereits während des Prozessdurchlaufs und des Debriefings, sowie bei der Qualitätssicherung und Bearbeitung der Prozessdokumentation. Sie sollten dem Team etwas Zeit geben, das Gesehene und Gelernte zu verarbeiten und eine **Inkubationszeit** für die Ideengenerierung einplanen. Gute Ideen entstehen häufig nicht über Nacht, nur selten im Büro oder in einem fest vorgegebenen Format. Vielmehr entstehen sie in entspannten und inspirierenden Situationen: beim Spazierengehen, beim Sport, unter der Dusche – wenn Sie nicht unter Druck stehen und Ihre Gedanken schweifen lassen können.

Daher sollte das Team nach circa einer Woche wieder zusammenkommen und nun gemeinsam Ideen und Ansätze zur Optimierung entwickeln, bewerten und auswählen. Es hat sich hierbei bewährt, die Optimierung des Prozesses in zwei Schritten anzugehen.

Schritt 1 „Aufräumen“: Der Ist-Prozess wird von bestehenden Hindernissen, Problemen und Fehlerquellen befreit, Verbesserungsansätze zum Beispiel im Hinblick auf Durchlaufzeiten oder die Klärung von Verantwortlichkeiten erarbeitet.

Schritt 2 „Agilisieren“: Der optimierte Prozess wird systematisch auf Möglichkeiten der wei-

Ansätze zur Optmierung und Agilisierung des Prozesses entwickeln

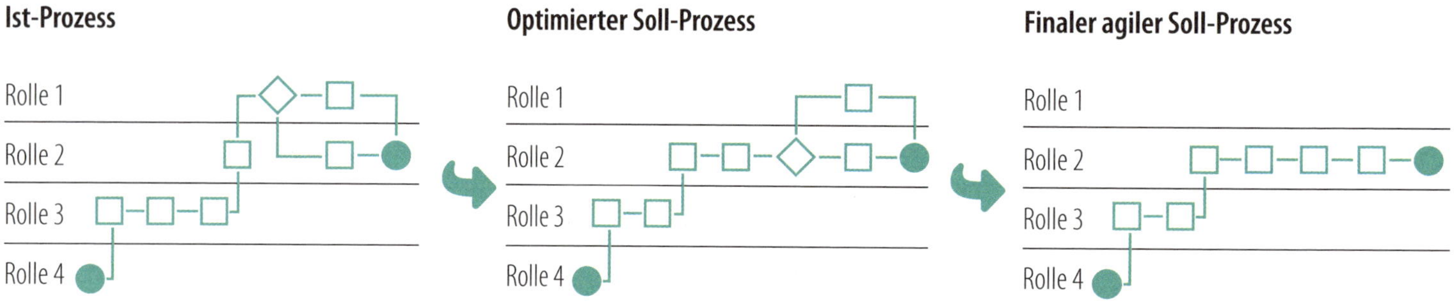

1. „Aufräumen“
Der Ist-Prozess wird optimiert: Hindernisse, Probleme und Fehlerquellen werden beseitigt, Verbesserungsansätze entwickelt

2. „Agilisieren“
Der bereits optimierte Prozess wird systematisch auf Möglichkeiten der weiteren Optimierung mittels agiler Praktiken und Methoden geprüft

teren Optimierung mittels agiler Praktiken und Methoden geprüft.

Mit diesem Vorgehen wird vermieden, dass ein in sich nicht funktionaler Prozess lediglich mit agilen Praktiken angereichert wird, die ursächlichen Probleme jedoch fortbestehen. Dies sollte Sie nicht daran hindern, auch in Schritt 1 bereits über agile Praktiken nachzudenken und diese gegebenenfalls in den neuen Soll-Prozess zu integrieren.

In Schritt 2 geht es dann um eine systematische Förderung und Verankerung der für das Team wichtigen agilen Prinzipien (siehe Feinplanung).

„Aufräumen“: Welche Ideen gibt es zur Optimierung des Prozesses?

Im Rahmen von **einem oder mehreren Workshops** identifizieren Sie gemeinsam im Team Ideen zur Optimierung.

Der Teamleiter oder Moderator erstellt die Agenda für den Workshop und ist für die Dokumentation der Ergebnisse verantwortlich. Er stellt sicher, dass alle erforderlichen Materialien und Informationen, wie zum Beispiel die Ergebnisse des Prozessdurchlaufs, für den Workshop bereitstehen (siehe Übersicht).

Beginnen Sie den Workshop mit einem kurzen **Rückblick auf die Ziele und die angestrebten Outcomes** Ihrer Agilen Prozessoptimierung. Beachten Sie hierbei die Zielkarte, die vom Team formulierten Outcomes, die Ihnen wichtigen agilen Prinzipien sowie die Rollen, Checklisten und Leitfäden.

Übersicht:
Input für die Optimierungs-Workshops

- Zielkarte
- Outcomes
- Priorisierte agile Prinzipien
- Sammlung agiler Praktiken
- Checklisten und Leitfäden
- Ergebnisse Debriefing
- Gegebenenfalls erhobene Daten und Mengengerüste
- Ergebnisse der Prozessdurchläufe, zum Beispiel in Form von Swimlanes

Dann betreten Sie mit dem Team zunächst nochmals den **„Problemraum“**. Hierzu sichten Sie gemeinsam die Ergebnisse des Debriefings, das direkt im Anschluss an den Prozessdurchlauf erfolgt ist, und der Prozessdokumentation: Welche Hindernisse, Probleme, Fehler, Fehlerquellen sowie Ideen zur Optimierung haben wir bereits benannt? Die Teammitglieder erläutern bei Bedarf die aus ihrer jeweiligen Rolle heraus eingebrachten Inputs.

Betrachten Sie auch die gegebenenfalls vor, während oder nach dem Prozessdurchlauf gesammelten Daten und Mengengerüste zum Ist-Prozess. Optimalerweise sind diese vor dem Workshop auf Plausibilität und Korrektheit geprüft worden. So können Sie diese nun gemeinsam im Team verwenden, um weitere Hinweise auf und Erkenntnisse zu Hindernissen, Problemen, Fehlern und Fehlerquellen abzuleiten:

- Welche Auffälligkeiten bestehen?
- Wo weichen die Ist-Daten vom Zielbild ab?
- Welche Handlungsfelder ergeben sich?

Aufgabe ist es sodann, die aus Sicht der verschiedenen Beteiligten und Rollen identifizierten Handlungsfelder umfassend aufzunehmen. Auch die Eingabe von Ideen und Optimierungsansätzen ist in diesem Schritt gestattet. Aber diese werden hier lediglich gesammelt, nicht diskutiert und auch nicht bewertet. Ziel des Vorgehens ist es, zunächst gemeinsam die wichtigsten Probleme und deren Ursachen zu identifizieren. Gehen Sie zu schnell in die Lösungssuche über, arbeiten Sie gegebenenfalls zu sehr an den Symptomen und nicht den Ursachen.

Priorisieren Sie daher die Problemfelder, indem Sie sie in eine Rangreihe bringen.

Für die wichtigsten Problemfelder sollten Sie im Team sodann deren Ursachen diskutieren und identifizieren. Achten Sie dabei darauf, dass Entschuldigungen und Zuweisungen nicht mit den Ursachen verwechselt werden. Eine Ursache ist erst dann benannt, wenn ein managebarer, also durch konkrete Maßnahmen beeinflussbarer Punkt, benannt ist. Nehmen wir an, dass ein bestimmter Maschinentyp überdurchschnittlich hohe Ausfallraten hat, was den Prozess immer wieder stört. Fragen Sie nun so lange wiederkehrend „Warum?“, bis Sie die Ursache ausfindig gemacht haben:

Frage	Antwort
Warum erfolgt die Wartung zu spät?	Weil das automatische System zur Meldung von Wartungsbedarf ausfällt
Warum fällt das System aus?	Weil die Stromzufuhr durch Batterien erfolgt und diese entladen sind
Warum sind die Batterien entladen?	Weil niemand den Ladezustand prüft
Warum prüft niemand den Ladezustand?	Weil sich hierfür niemand zuständig fühlt
Warum fühlt sich niemand zuständig?	Weil wir keinen Plan installiert haben, wer wann die Prüfung vornimmt

Im obigen Beispiel erbringt erst die fünfte Warum-Frage die Ursache. Erst die hier gefundene Antwort erbringt eine managebare Erkenntnis! Dies ist häufig der Fall. Eine der bei agilen Teams beliebten Praktiken ist daher die „5-W-Methode“ – frage fünfmal „Warum?“.

Somit sind im Workshop die Probleme umfassend benannt und priorisiert. Zudem sind für die wichtigsten Probleme die Ursachen identifiziert. Nun ist es an der Zeit, in den **„Lösungsraum“** zu wechseln.

In einer ersten Bearbeitungsrunde im Lösungsraum geht es um die Entwicklung und Aufnahme von weiteren Ideen zur Prozessoptimierung. Grundsätzlich gilt: Alle Ideen sind zuerst einmal sinnvoll und es wert, diskutiert zu werden. Wir denken in Chancen!

Tipp!

Die Abstimmung mittels Klebepunkten („Dot-Voting“) führt schnell zu Ergebnissen und ist daher besonders geeignet, wenn viele Punkte bewertet werden müssen. Jedoch tauscht sich das Team in diesem Verfahren nicht darüber aus, aus welchen Überlegungen heraus die einzelnen Abstimmenden ihre Punkte vergeben. Sofern ein entsprechender Austausch wichtig ist, können Sie auch wie folgt vorgehen:

Nominierungsrangreihe: Fragen Sie die einzelnen Teammitglieder reihum nach dem aus ihrer Sicht wichtigsten Problemfeld – inklusive kurzer Begründung und Erläuterungen zu den aus Sicht der Teammitglieder relevanten Ursachen für das beobachtete Phänomen.

Punkt-für-Punkt-Rangreihe: Wählen Sie eine beliebige Problem-/Fehleranzeige aus und platzieren Sie diese in die Mitte Ihrer Arbeitsfläche. Wählen Sie sodann einen beliebigen weiteren Punkt aus und fragen Sie das Team: Ist es wichtiger, diesen zweiten Punkt zu lösen oder den ersten Punkt? Platzieren Sie den zweiten Punkt dann entweder oberhalb (= ist wichtiger) oder unterhalb (= ist weniger wichtig) des ersten Punkts. Hierbei können Sie im Team ebenfalls Thesen zu den Ursachen austauschen. Wiederholen Sie den Vorgang mit allen Handlungsfeldern, so entsteht nach und nach Ihre Relevanz-Rangreihe.

Der Moderator sammelt die Inputs strukturiert und für alle sichtbar, zum Beispiel auf einem Flipchart oder an einer Pinnwand. So entsteht eine Übersicht über alle Problemursachen und Optimierungsideen.

Bei Bedarf werden Verständnisfragen zu den eingebrachten Herausforderungen und Ideen geklärt.

Wie werden die zu realisierenden Optimierungsansätze ausgewählt und konkretisiert?

Ideenauswahl

Nachdem Sie Ideen zur Prozessoptimierung aus den verschiedenen Perspektiven der Optimierer gesammelt haben, bewerten Sie diese. Das exakte Vorgehen hängt von der Anzahl der gesammelten Ideen und der verfügbaren Zeit ab. Erfahrungsgemäß ist jedoch eine Auswahl der im Workshop zu bearbeitenden Ideen sinnvoll und erforderlich.

Tipp!

Achten Sie darauf, dass der Prozess bzw. die Optimierung immer aus möglichst allen Blickwinkeln der beteiligten Rollen betrachtet wird. Nicht selten ergeben sich während der Diskussion weitere Ideen für Optimierungsansätze.

Es sollten für möglichst viele der identifizierten Herausforderungen Lösungsideen vorliegen – insbesondere für die vom Team als relevant erachteten.

Bewerten Sie die Ideen nicht zu früh – denken Sie an die Regeln für ein Brainstorming.

Betrachten Sie nicht nur einzelne Aufgaben und Prozessschritte, sondern denken Sie auch übergreifend und an den Gesamtprozess. Vielleicht lassen sich mit einer Maßnahme verschiedene Probleme lösen, da sie die gleiche Ursache aufweisen?

Erinnern Sie die Teilnehmer an den Ansatz „End-to-End“ und lenken Sie die Aufmerksamkeit bei Bedarf hierauf.

Auch wenn deren systematische Betrachtung erst im zweiten Schritt folgt: das Einbringen von Ideen zu agilen Ansätzen ist zulässig!

Hierzu sollten Sie Kriterien vereinbaren, an denen sich die Workshop-Teilnehmer bei der Auswahl der Ideen orientieren können. Legen Sie diese gemeinsam im Team fest. Hier mögliche Kriterien:

- Beitrag zur Erreichung der formulierten Ziele
- Beitrag zur Erreichung der Outcomes
- Beitrag zur Überwindung bestehender Ursachen von Hindernissen und Problemen
- Beitrag zur Behebung von Fehlerquellen

Um die Ideen zu priorisieren, können Sie verschiedene Verfahren einsetzen. Zum Beispiel die folgenden:

1. Freie Diskussion: Das Team diskutiert frei, welche Ideen es nicht betrachten möchte und welche Ideen es in welcher Abfolge betrachten möchte. Dieser Ansatz funktioniert gut in geübten Gruppen, kann jedoch zeitaufwändig sein.
2. Dot-Voting: Mit Hilfe einer begrenzten Anzahl von Klebepunkten können die einzelnen Workshop-Teilnehmer aus ihrer Sicht diskussionswürdige Ideen nominieren. Die Betrachtung der Ideen erfolgt dann in einer Reihenfolge entsprechend der Punktzahl. Ein Dot-Voting führt auch hier zu schnellen Ergebnissen, jedoch bleibt wiederum offen, warum für die einzelnen Ideen gestimmt wurde.
3. Reihum-Nominierung: Jeder Workshop-Teilnehmer nominiert die aus seiner Sicht beste Idee und begründet dies kurz. Die Idee mit

den meisten Nominierungen wird als Erstes betrachtet. Danach erfolgt eine weitere Nominierungsrunde oder die Gruppe betrachtet die Idee mit den zweitmeisten Nennungen. Mit der Reihum-Nominierung gelangt man ebenfalls schnell zu einer Priorisierung und erhält zudem Erkenntnisse, aus welchen Gründen die Nominierung erfolgt ist.

> **Tipp!**
> **Gibt es sehr viele Optimierungsideen, können Sie im Workshop auch Arbeitsgruppen bilden, die parallel einzelne Ideen bewerten und ausarbeiten.**

Ideenbewertung

Nun gilt es, die ausgewählten Ideen einer näheren Betrachtung zu unterziehen. Dies sind die Kernfragen in diesem Arbeitsschritt:

- Welche Verbesserungseffekte können wir mit der Umsetzung erzielen?
- Welche Stärken können wir stärken, welche Chancen nutzen?
- Welche Probleme und welche Problemursachen können wir beheben?
- Welche Schwächen und Risiken können wir wie stark reduzieren?
- Was ist zu tun, um diese Idee umzusetzen, welche Voraussetzungen müssen gegeben sein?
- Auf Basis der Kenntnis der Umsetzungsvoraussetzungen: Handelt es sich immer noch um eine gute Idee und möchten wir diesen Ansatz umsetzen?

Zur Klärung dieser Fragen sollte eine offene Diskussion im Team erfolgen. Sammeln Sie die **Vorteile und Nachteile** sowie die **Chancen und Risiken** der betrachteten Idee. So können Sie bewerten, welche Effekte erzielt werden können. Vergessen Sie nicht, Ihre Ergebnisse zu dokumentieren. Dies kann durch den Moderator erfolgen oder durch eines der Teammitglieder, wenn die Ansätze zum Beispiel im Rahmen von Gruppenarbeit ausgearbeitet werden – je nachdem, wie Sie den Workshop gestalten wollen. Gleichen Sie Ihre Erkenntnisse mit den Zielen und Outcomes ab. Verwerfen Sie Ansätze, die sich in der gemeinsamen Diskussion als nicht zielführend oder wirkungslos erweisen. Falls erforderlich, holen Sie für die Bewertung weitere Informationen im Nachgang zum Workshop ein.

Leiten Sie sodann die **Voraussetzungen zur Realisierung** ab:

- Bräuchten wir neue Materialien, Werkzeuge, Maschinen, Räume und IT-Systeme?
- Was müssten wir tun, um die Beteiligten zu befähigen?
- Wären gänzlich neue Kompetenzen erforderlich?
- Müsste eine Reorganisation erfolgen, damit die Lösung sinnvoll umgesetzt werden kann?
- Welche Konsequenzen auf die Entscheidungsfindung und Koordination würden sich ergeben und wie bewerten wir diese?
- Welche weiteren Voraussetzungen wären zu schaffen?

Hierbei geht es noch nicht darum, alle erforderlichen Maßnahmen zu bestimmen, sondern eine Einschätzung der Umsetzbarkeit sowie des Umsetzungsaufwands vornehmen zu können. Auf dieser Basis können Sie sodann entscheiden, ob die Idee weiterhin eine gute, weil realisierbare und zielführende Idee ist. So entsteht ein Set an Ansätzen, die das Team zur Optimierung des Prozesses insgesamt umsetzen möchte. Im nächsten Schritt ist dies in den neuen Gesamtprozess zu überführen.

Design des neuen Soll-Prozesses

Beachten Sie beim Design des neuen Soll-Prozesses, dass sich Ansätze

- gegenseitig bedingen können,
- Einfluss aufeinander haben können beziehungsweise
- Voraussetzung für die Umsetzung anderer Ansätze sein können.

Zudem ergeben sich in der Gesamtsicht mitunter verschiedene sinnvolle Varianten, wie ein Ansatz konkret umgesetzt werden kann.

Nachdem alle vom Team als relevant bewerteten Optimierungsideen näher betrachtet und ausgewählt wurden, sollte der neue Soll-Prozess daher in Gänze skizziert werden. Im Rahmen von Workshops bietet sich hierzu die Abbildung als Swimlane mit Hilfe von Haftnotizen an langen Wänden an. So können Sie schnell verschiedene Varianten entwickeln und bewerten.

Sollte das Team Anregungen zum Neudesign des Prozesses benötigen, können Sie die in Abschnitt 2.2.2 dargestellten Anforderungen an gute Prozesse systematisch durcharbeiten. Hierzu finden Sie zudem nachfolgend Leitfragen. Sie können diese als Anregung, aber auch als Checkliste verwenden, ob Sie die relevanten Aspekte betrachtet haben.

Gestaltung des Gesamtprozesses

Klare Prozessdefinition:

- Würde eine klarere Prozessdefinition Ursachen für Probleme und Fehler beheben?
- Können wir Probleme lösen, indem wir besser klären, welchen Status ein Vorgang vor Weitergabe an die nachfolgende Prozessstation erreicht haben muss?
- Wie können wir kritische Stellen im Prozess wie Entscheidungen zum weiteren Prozessverlauf, bereichsübergreifende Übergabestellen und die Zusammenführung von Verzweigungen besser gestalten? Wie stellen wir zum Beispiel die erforderliche Informationsbasis sicher?
- Sollten wir den Ausführenden mehr oder weniger Spielraum und Entscheidungskompetenzen zuweisen?
- Wäre die Einführung einer Process-Ownership sinnvoll, damit die kontinuierliche Gestaltung und Verbesserung des Prozesses gesichert erfolgt?
- Wie dokumentieren wir den Soll-Prozess so, dass er fortlaufend weiter optimiert werden kann und das Prozesswissen erhalten bleibt?
- Können wir die am Prozess Beteiligten noch besser unterstützen, indem wir ihre Rollen stärker entlang des Prozesses formulieren?
- Wie können wir die Ergebnisse unserer Prozessoptimierung bestmöglich plastisch und nachvollziehbar vermitteln? Können wir zum Beispiel einen Soll-Prozess-Durchlauf durchführen?

Klare Rollenverteilung:

- Haben wir die Entscheidungsbefugnisse entlang des Prozesses klar und sinnvoll geregelt?
- Haben wir das Recht, Weisungen zu erteilen klar und sinnvoll geregelt?
- Können wir durch Änderungen der Entscheidungsbefugnisse Problemursachen beseitigen oder den Prozess beschleunigen?
- Sind die richtigen Prozessbeteiligten sinnvoll in für den Prozess relevante Entscheidungen eingebunden?
- Ist den Prozessbeteiligten ausreichend klar, welche weiteren Beteiligten welche Informationen zur optimalen Ausführung ihrer Aufgaben benötigen?
- Wie können wir die Daten- und Informationsverfügbarkeit weiter verbessern?
- Sind die Pflichten, welche Aktivitäten auszuführen sind, ausreichend bekannt und sinnvoll gestaltet?
- Sind die Dokumentationspflichten sinnvoll definiert? Wie können wir die Ausführung dieser Pflichten stärker verankern?
- Erfüllen unsere Prüfverfahren entlang des Prozesses die Anforderungen optimal? Mit welchen Ansätzen können wir den Aufwand reduzieren, ohne die Effektivität zu gefährden?
- An welchen Stellen können wir den Prozess „idiotensicher" gestalten (siehe den Poka-Yoke-Ansatz im Lean Management[5])? Wie können wir Abläufe und Aufgaben so gestalten, dass die fehlerfreie Ausführung gesichert wird (zum Beispiel Pflichtfelder in Formularen, die ein Vergessen des Ausfüllens vermeiden)? An welchen Stellen können wir den Ablauf so gestalten, dass Fehler unterbrochen werden (zum Beispiel Ausspielen einer Warnung, wenn ein Feld im Formular nicht ausgefüllt wurde)?

---

[5] Japanisch Poka = Fehler und Yoke = Vermeidung; Grundidee ist, dass benötigte Materialien und Arbeitsgeräte so konzipiert und angeordnet werden, dass Fehler erst gar nicht entstehen oder entstandene Fehler sofort aufgedeckt werden.

- Wie können wir das Lernen aus Fehlern und die beständige Optimierung fest verankern – bei möglichst vielen Prozessbeteiligten?

Geringer Kommunikationsbedarf:

- Wo haben wir aus welchen Gründen nicht wertschöpfende Kommunikation und wie können wir diese meiden?
- Können wir durch Veränderung des Zuschnitts der Prozessstationen und somit der Übergabepunkte eine Verbesserung herbeiführen?
- Sind die einzelnen Prozessstationen heute zu kleinteilig, sodass unnötige Abstimmung erfolgt?
- Sind die einzelnen Prozessstationen heute zu umfassend, sodass die Bearbeiter ein zu großes Kompetenzspektrum abdecken müssen und es daher zu Fehlern und nicht-optimaler Bearbeitung kommt?
- Sollten wir die Bearbeitung von Aufgaben oder ganzen Prozessstationen anderen Teams oder Abteilungen zuweisen, weil so der Kommunikationsbedarf reduziert werden kann?
- Wie können wir die Anzahl der Rückfragen bei der Bearbeitung einzelner Vorgänge senken?
- Wie lösen wir reziproke Abläufe auf?
- Wie können wir die Bearbeitung von Ausnahmefällen verbessern? Können wir Ausnahmefälle vermeiden? Diese durch ein speziell trainiertes Team bearbeiten lassen? Lohnt es sich, für Ausnahmefälle Regeln zu formulieren?
- Können wir durch mehr/bessere Regeln den Abstimmungsbedarf bei einzelnen Prozessschritten reduzieren?
- Würde die Änderung der Abfolge der Prozessschritte den Abstimmungsbedarf reduzieren?
- Würden mehr oder weniger Gateways den Abstimmungsbedarf reduzieren?

Umfassendes Know-how zum Prozessablauf:

- Wie können wir die erforderlichen Fachkenntnisse zur Bearbeitung des Prozesses fördern? Gibt es zum Beispiel Prozessschritte, bei denen ein „Pairing", also die parallele Bearbeitung durch zwei Personen, Vorteile bringen könnte?
- Richtet sich der Prozess ausreichend an den Know-how-Erfordernissen aus? Oder richtet er sich eher an einem klassischen Ablauf durch verschiedene Funktionsbereiche aus?
- Sind die Bearbeitungsteams optimal zusammengesetzt? Können wir durch die Bildung von funktionsübergreifenden Teams die Planungsdauer und -qualität sowie die Bearbeitungsdauer und -qualität steigern? Können wir die Entscheidungsdauer senken und die Qualität der Entscheidungen steigern?
- Stellen wir ausreichend sicher, dass die notwendigen Vorgehens- und Prozesskenntnisse vorhanden sind?
- Können wir den Prozess so vereinfachen, dass die Anforderungen an die Vorgehens- und Prozesskenntnisse sinken und der Prozess so von allen Beteiligten trittsicher durchgeführt werden kann?
- Wie können wir den Prozessbeteiligten Transparenz über die Ansprechpartner und Entscheidungswege bieten?

Praktikable Standards und Regeln:

- Wie können wir durch eine stärkere Standardisierung des Prozesses Aufwände reduzieren, ohne die Prozess- und die Ergebnisqualität zu verringern?
- Haben wir angemessen viele Regeln formuliert? Wo würden mehr Regeln den Prozess optimieren, wo weniger Regeln Bürokratie vermeiden?
- Sollten wir neue Regelungen zum Beispiel für Ausnahmefälle entwickeln?
- Sollten wir die Regelungstiefe bei bestimmten Regelwerken oder einzelnen Regeln anpassen?
- Wie können wir die Anwendung der Regeln verbessern?
- Sind die Regeln und Standards eindeutig und widerspruchsfrei?

Eliminierung nicht wertschöpfender Arbeitsschritte:

- Welche Arbeitsschritte können wir entfallen lassen?
- Welche Konsequenzen hätte dies?

Angemessene Planung und Arbeitsvorbereitung:

- Wo führen wir heute unnötige Planungsschritte durch? Können diese entfallen?
- Wo sollten wir künftig neue oder andere Planungsschritte vorsehen? Kann eine stärkere Planung den Abstimmungsbedarf, die Anzahl der Fehler, die Anzahl der nicht wertschöpfenden Tätigkeiten, die Durchlaufzeiten etc. verringern?
- Wo führen wir heute unnötige Arbeitsvorbereitungsmaßnahmen durch, die den Prozessdurchführenden keinen Mehrwert bieten? Wie können diese entfallen?
- Wo können wir durch neue arbeitsvorbereitende Tätigkeiten den Aufwand bei der Bearbeitung welcher Prozessschritte reduzieren?

Keine Doppelarbeit:

- Wie können wir an welchen Stellen Doppelarbeit vermeiden?
- Wo können wir das Risiko von Doppelarbeit deutlich senken? Wie schaffen wir das?

Ausführung der einzelnen Arbeitsschritte

Fähigkeiten und Routinen:

- Wie können wir den Prozess so gestalten, dass die Fähigkeiten des Unternehmens und der Mitarbeiter bestmöglich wirksam werden (siehe zum Beispiel die Ausführungen oben zu funktionsübergreifenden Teams)?
- Sind die Prozessschritte so zugeschnitten, dass sie den Fähigkeiten und Kenntnissen der Prozessbeteiligten sowie typischen Berufsbildern bestmöglich entsprechen?
- Bewerten wir die Güte der Ausführung von Arbeitstätigkeiten ausreichend, um Trainingsbedarf frühzeitig zu erkennen?
- Vermitteln unsere Arbeitseinweisungen und Trainings die zur Bearbeitung der einzelnen Arbeitsschritte **und** die Anforderungen, die sich aus dem weiteren Prozess ergeben, ausreichend?
- Wie können wir das Wissensmanagement zur Durchführung von selten vorkommenden Ausnahmefällen optimieren?

Material:

- Können wir durch den Einsatz anderer Materialien den Prozess verschlanken und/oder beschleunigen?
- Können wir durch den Einsatz anderer Materialien ganze Arbeitsschritte wegfallen lassen?
- Können wir durch den Einsatz anderer Materialien den Schwierigkeitsgrad der Bearbeitung reduzieren und so Fehler reduzieren oder gar meiden?

Verfahren und Methoden:

- Können wir durch den Einsatz anderer Verfahren und Methoden den Prozess verschlanken und/oder beschleunigen?
- Können wir hierdurch ganze Arbeitsschritte wegfallen lassen?
- Den Abstimmungsbedarf reduzieren?
- Eine bessere Priorisierung und Steuerung erreichen?
- Können wir durch den Einsatz anderer Verfahren und Methoden den Schwierigkeitsgrad der Bearbeitung reduzieren und so Fehler reduzieren oder eleminieren?
- Können wir andere Verfahren und Methoden des Qualitätsmanagements einsetzen und so Ausschuss und Qualitätsmängel reduzieren?

Werkzeuge und Automatisierungsgrad:

- Können wir durch den Einsatz anderer Werkzeuge den Prozess verschlanken und/oder beschleunigen?
- Können wir hierdurch ganze Arbeitsschritte wegfallen lassen?
- Sind die Werkzeuge im Hinblick auf Leistungsumfang, Leistungsfähigkeit und Ergonomie für den Einsatz an der jeweiligen Stelle geeignet?
- Wie können wir den Grad der Automatisierung optimieren?
- Wo sollten wir welche Arbeitsschritte oder Prozessstationen stärker automatisieren?
- Wo sollten wir die Automatisierung zurückfahren?

System- und Medienbrüche:

- Wo können wir die Datenverfügbarkeit und den Datenfluss verbessern?
- Welche Arbeitsschritte können wir so beschleunigen und verbessern?
- Welche Übergabeverfahren können wir so beschleunigen und verbessern?
- Wie können wir die Datenqualität erhöhen, um den Prozess zu optimieren?
- Wie gelangen wir zu konsistenten Daten?
- Welche automatischen Verfahren sind hierzu einsetzbar?
- Wie können wir die Qualität der händisch eingegebenen Daten verbessern?
- Können wir hier „Poka-Yoke-Ansätze" (siehe oben) entwickeln?

Minimale Rüstzeiten:

- Wie können wir Rüstzeiten für die Einrichtung der erforderlichen Arbeitsumgebung reduzieren?
- Wie können wir die Rüstzeiten für die Anwendung der erforderlichen Werkzeuge reduzieren?
- Wie können wir die Rüstzeiten für die Informationssammlung reduzieren?
- Wie können wir Störungen, die zu Rüstzeiten führen, vermeiden beziehungsweise reduzieren?

Keine vermeidbaren Liegezeiten:

- Wie können wir Liegezeiten und die Durchlaufzeit des Prozesses insgesamt reduzieren?
- Wo und wie können wir Unterbrechungen der Bearbeitung reduzieren?
- Sollten wir zum Beispiel interne Service Level Agreements vereinbaren (siehe unten)?
- Können wir mit Hilfe des Pull-Prinzips Liege- und Durchlaufzeiten reduzieren?

Geringe Fehleranfälligkeit:

- Welche Maßnahmen zur Fehlervermeidung können wir in den Prozess integrieren?
- Welche Maßnahmen zur Fehlervermeidung werden je Prozessstation sowie je kritischem Arbeitsschritt integriert?
- Wie monitoren wir entlang des Prozesses Fehler?
- Wie messen wir die Auswirkungen von Fehlern auf die Prozesskosten und weitere wichtige Faktoren (insbesondere Kundenzufriedenheit)?
- Wie gestalten wir den Umgang mit Fehlern, wie stellen wir sicher, dass wir aus Fehlern lernen?
- Wie stellen wir sicher, dass regelmäßig Fehler- und Ursachenanalysen durchgeführt werden?
- Wie stellen wir sicher, dass die Prozessbeteiligten ihre Verantwortlichkeiten im Hinblick auf das Lernen aus Fehlern wahrnehmen?
- Welche Formate, in denen Fehler gemeinsam identifiziert und offen angesprochen werden, installieren wir im Prozess?

Übergaben zwischen den Prozessstationen

Workflow-Automatisierung:

- Können wir Tools zur Workflow-Automatisierung einsetzen?
- Wenn ja: Wie werden diese im Prozess bestmöglich eingesetzt?
- Wenn nein: Welche Alternativen zur Sicherstellung reibungsloser Übergaben von Prozessen bestehen?

Tipp!

Beim Design des neuen Soll-Prozesses sollten Sie iterieren und verschiedene Varianten durchspielen. So können Sie Ihre Ansätze weiter verbessern und auf ein optimales Zusammenspiel entlang des Gesamtprozesses hinwirken.

Arbeiten Sie hierbei so lange wie möglich ohne ein Denken in Abteilungen und Personen! Designen Sie den Prozess zunächst, ohne die Ausführenden der einzelnen Prozessschritte zu benennen. So vermeiden Sie einen zu starken Einfluss von Einzelinteressen.

Service Level Agreements:

- An welchen Stellen im Prozess und zwischen welchen Beteiligten könnten Service Level Agreements die Prozessqualität fördern?
- Welche Regelungen sollten hierin getroffen werden?
- Wie kann die Übergabe von Vorgängen je Vorgangsart gehandhabt werden?

Sollten Sie verschiedene Varianten des Prozesses entwickelt haben, müssen Sie sich für die präferierte Variante entscheiden. Hierzu können Sie wiederum die zur Ideenauswahl eingesetzten Kriterien verwenden, angereichert um Einschätzungen zu Realisierungsaufwand und -wahrscheinlichkeit:

- Beitrag zur Erreichung der formulierten Ziele
- Beitrag zur Erreichung der Outcomes
- Beitrag zur Überwindung bestehender Hindernisse und Probleme
- Beitrag zur Behebung von Fehlerquellen
- Aufwand (Zeit und Kosten) der Realisierung
- Realisierungswahrscheinlichkeit

Wählen Sie hierzu das aus Ihrer Sicht geeignete Entscheidungsverfahren. Sie können in freier Diskussion zu einer Entscheidung gelangen, Dot-Votings durchführen oder ein Scoring-Verfahren anwenden. Hierzu vergeben Sie Punkte, zum Beispiel von 1 bis 5 je Kriterium und summieren diese auf. Gewichten Sie die Kriterien bei Bedarf.

Als Ergebnis liegt der neue Soll-Prozess inklusive der einzelnen Ansätze sowie deren Umsetzungsvoraussetzungen vor. Auf dieser Basis können Sie eine Maßnahmenplanung erstellen. Dies erfolgt nach Durchführung von Schritt 2 „Agilisieren“.

Der Workshop ist hiermit aber noch nicht beendet. Vereinbaren Sie zum Abschluss des Workshops die **konkreten nächsten Schritte**. Legen Sie Termine fest und weisen Sie jeder Aufgabe einen Verantwortlichen zu.

Hinweis: Auf den nächsten Seiten finden Sie eine beispielhafte Agenda zum Gesamtablauf des Workshops, den Inhalten und Ergebnissen.

Beispielhafte Agenda für den Optimierungsworkshop

#	Thema	Vorgehen	Ergebnis
1	Begrüßung und Agenda	– Kurze Begrüßung der Workshop-Teilnehmer – Vorstellung und Abstimmung der Agenda	Es herrscht Einigkeit über das Vorgehen im Workshop
2	Rückblick Ziele und Scope der Prozessoptimierung	– Der Moderator stellt noch einmal die formulierten Ziele und Outcomes der Prozessoptimierung vor sowie die priorisierten agilen Prinzipien – Diese dienen als Leitplanken für die Bewertung und Priorisierung der Optimierungspotenziale	Die Ziele der Prozessoptimierung sind allen Workshop-Teilnehmern klar
3	Vorstellung und Diskussion der Ergebnisse der Prozessdurchläufe sowie Identifizierung der Problemfelder und Ursachen	– Gemeinsame Sichtung der Ergebnisse des De-Briefings und der Prozessdokumentation Bei Bedarf werden von jedem Workshop-Teilnehmer die aus seiner jeweiligen Rolle heraus eingebrachten Inputs erläutert – Gemeinsame Sammlung und Priorisierung identifizierter Handlungs-/Problemfelder – Gemeinsame Identifikation der Ursachen der wichtigsten Handlungs-/Problemfelder	Es liegt eine Übersicht über die priorisierten Problemfelder des Prozesses und deren Ursachen vor
4	Sammlung und gemeinsame Entwicklung von Optimierungsideen	– Jeder Workshop-Teilnehmer stellt seine Optimierungsideen vor – Der Moderator sammelt alle Optimierungsideen strukturiert und für alle sichtbar – Die Workshop-Teilnehmer stellen bei Bedarf und aus Sicht ihrer jeweiligen Rolle Verständnisfragen hierzu und bringen ggf. weitere Ideen ein, die sich aus der gemeinsamen Diskussion im Workshop ergeben	Es liegt eine Übersicht über alle identifizierten Optimierungsideen für den betrachteten Prozess vor

5	Bewertung der Optimierungsideen und Ableitung Realisierungsvoraussetzungen	– Gemeinsame Ideenauswahl:
		  – Festlegung der Kriterien zur Auswahl der Ideen
		  – Priorisierung der Ideen nach einem gemeinsam verabschiedeten Verfahren (z.B. freie Diskussion, Dot-Voting, Reihum-Nominierung)
		– Offene Diskussion im Team zur Bewertung der ausgewählten Ideen und deren erzielbaren Effekte:
		  – Sammlung der Vorteile, Nachteile, Chancen und Risiken der Optimierungsideen (inkl. Dokumentation)
		  – Abgleich der Erkenntnisse mit den Zielen und Outcomes
		  – Ableitung der Voraussetzungen zur Realisierung der Ideen zwecks Einschätzung der Umsetzbarkeit und des Umsetzungsaufwands
		  – Gemeinsame Bewertung, welche Ideen umgesetzt oder verworfen werden
			Es liegt ein Set an Ansätzen zur Optimierung des Prozesses vor und erste Realisierungsvoraussetzungen sind benannt

#	Thema	Vorgehen	Ergebnis
6	Design des neuen Soll-Prozesses	– Gemeinsame Entwicklung und Diskussion der zukünftigen Ausgestaltung des Soll-Prozesses unter Berücksichtigung – der ausgewählten Ansätze zur Optimierung, – etwaiger Abhängigkeiten einzelner Ansätze untereinander sowie – ggf. verschiedener Varianten zur Ausgestaltung des Soll-Prozesses – Bewertung der verschiedenen Varianten und Auswahl der umzusetzenden Variante	Der neue Soll-Prozess ist skizziert und dokumentiert inklusive der einzelnen Ansätze sowie deren Umsetzungsvoraussetzungen
7	Festlegung der nächsten Schritte	Mögliche nächste Schritte: – Dokumentation der Workshop-Ergebnisse und Versand an die Teilnehmer – Einholung weiterer Informationen zur Evaluierung der Optimierungsideen – Bei Bedarf Organisation eines Nachfolge-Workshops zur abschließenden Bewertung und Priorisierung – Vorbereitung des Workshops zur Agilisierung des Prozesses (Schritt 2) – Zusammenführung der Ergebnisse zu einem Gesamtkonzept (nach Schritt „Agilisieren“) – Ausarbeitung Maßnahmenplanung zur Umsetzung der Optimierungspotenziale (nach Schritt 2 „Agilisieren“)	Die nächsten Schritte sind benannt, terminiert und einem Verantwortlichen zugewiesen

„Agilisieren“: Kann der Prozess durch agile Ansätze weiter optimiert werden?

Nachdem Sie den Prozess „aufgeräumt“ und hierbei gegebenenfalls bereits agile Ansätze vorgesehen haben, erfolgt nun eine systematische Prüfung,

- ob die im Rahmen der Feinplanung priorisierten agilen Prinzipien im neuen Soll-Prozess bereits ausreichend berücksichtigt und verankert sind;
- ob (weitere) agile Praktiken und/oder Methoden eingesetzt werden sollten, um den Prozess weiter zu optimieren, sowie
- welche agilen Praktiken und/oder Methoden an welchen Stellen im Prozess einen Mehrwert bieten.

So können gegebenenfalls weitere Potenziale gehoben werden:

- Mehr Flexibilität zur Erfüllung der Marktanforderungen
- Schnellere Entwicklungs- und Produktionsgeschwindigkeit
- Höhere Ergebnisqualität durch Fokussierung und Reflexion

Optimierung durch mehr Agilität im Prozess: Wie Sie sich einen Überblick über die Handlungsoptionen verschaffen

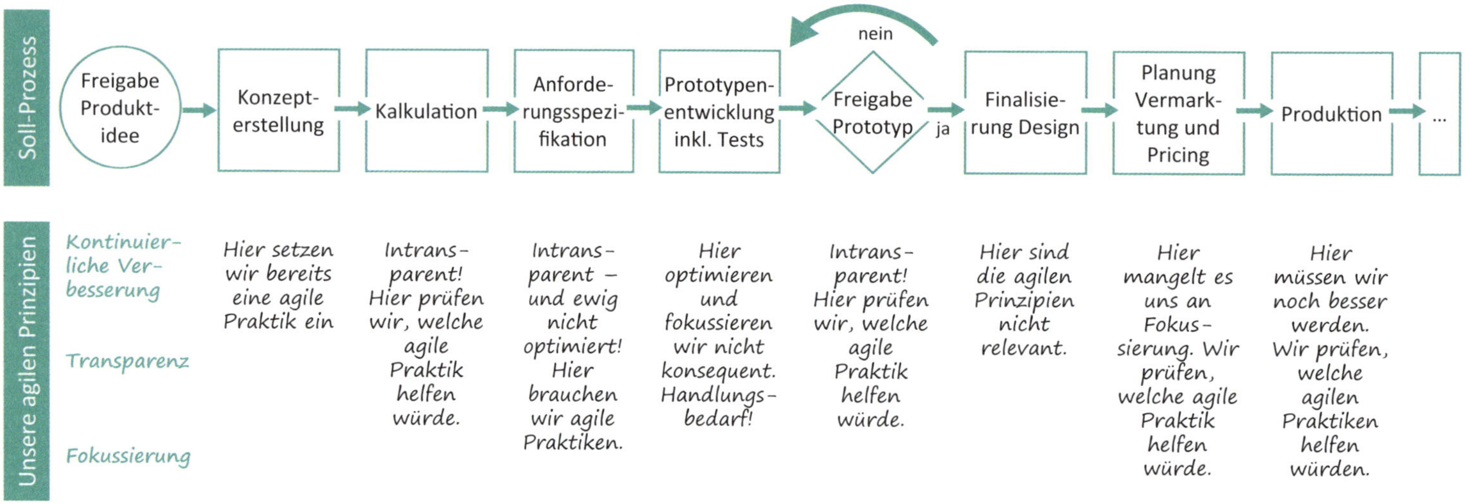

- Vermeidung von Verschwendung durch nutzenorientierte Priorisierung und Limitierung sowie direkte dialogische Kommunikation
- Höhere Motivation durch eigenverantwortliches Arbeiten und beständiges Lernen

Kernelemente agiler Prozesse sind mithin Transparenz und Selbstorganisation. Diese können durch den Einsatz verschiedener agiler Praktiken und Methoden gefördert werden.

Gehen Sie hierfür wie folgt vor: Vergegenwärtigen Sie sich in einem Team-Workshop, welches die wichtigsten agilen Prinzipien für den zu betrachtenden Prozess sind. Prüfen Sie sodann im Team, an welchen Stellen der neue Soll-Prozess diesen Prinzipien nicht entspricht. Gehen Sie hierfür den entwickelten Soll-Prozess noch einmal gemeinsam durch. Fertigen Sie eine einfache Übersicht an, in der der neue Soll-Prozess als horizontale Abfolge dargestellt ist. Führen Sie darunter die Ihnen wichtigen agilen Prinzipien an (siehe Abbildung „Optimierung durch mehr Agilität im Prozess") und prüfen Sie je Prozessschritt, wo Handlungsbedarf bestehen könnte. So erhalten Sie eine Übersicht, bei welchen Prozessschritten mit Blick auf welches agile Prinzip eine nähere Betrachtung erfolgen sollte.

Als kleine Gedankenstütze finden Sie im Kasten rechts noch einmal eine Übersicht über die agilen Prinzipien.

Kategorisierung agiler Prinzipien:

Prinzipien, die auf die ständige Adaption an Umwelt und eigenen Erkenntnisstand abzielen

Prinzipien, die den Arbeitsfluss optimal unterstützen

Prinzipien, die größtmögliche Transparenz durch direkte dialogische Kommunikation ermöglichen

Prinzipien der Organisation im Sinne des selbstorganisierten Arbeitens

Prinzipien, die die Entwicklung jeder und jedes Einzelnen fördern, sodass diese bzw. dieser sich optimal entfalten kann und intrinsisch motiviert ist

Tipp!

Gehen Sie den gesamten Prozess durch und markieren Sie je Prozessschritt, ob Handlungsbedarf besteht. Sollte sich das Team unsicher sein, versehen Sie die entsprechende Stelle zunächst mit einem Fragezeichen. Diskutieren Sie diese, nachdem Sie sich einen Gesamtüberblick verschafft haben.

Hierbei helfen Ihnen die folgenden Leitfragen:

- **Welche Erfordernisse an das Prozessdesign stellt dieses agile Prinzip?**

  Sie wollen zum Beispiel das Prinzip der Transparenz fördern – dann muss der Prozess so gestaltet sein, dass
  - eine angemessene Dokumentation von Aufgaben und Vorgehensweisen erfolgt,
  - eine angemessene, möglichst dialogische Kommunikation zu Aufgaben, Vorgehensweisen, Entscheidungen und Prioritäten erfolgt und
  - jederzeit und einfach erforderliche Daten und Fakten eingesehen werden können.

- **Haben wir die Voraussetzungen geschaffen, damit das agile Prinzip gelebt wird?**
  Sind die Voraussetzungen nicht geschaffen, sollten weitergehende Optimierungen des Soll-Prozesses geprüft werden.
  Hierzu ein Beispielfall: Ein Team optimiert den Produktentwicklungsprozess und hat als ein wichtiges agiles Prinzip „kontinuierliche Verbesserung" benannt. Das Team identifiziert die folgenden Erfordernisse, um dieses Prinzip zu leben:

- Transparenz über Vorgehensweisen, Hindernisse und Probleme über Bereichsgrenzen hinweg
- Regelmäßige Evaluation und Prüfung von Verbesserungsansätzen – auch aus Kundensicht
- Klare Verantwortlichkeiten, wer die kontinuierliche Verbesserung nachhaltig vorantreibt

Auf dieser Basis gleicht das Team den Soll-Prozess mit den Erfordernissen ab. Dabei stellt das Team fest, dass mit dem bisherigen Soll-Prozess nicht alle Voraussetzungen zur Erfüllung der Erfordernisse gegeben sind. Zur Entwicklung von Lösungsansätzen prüft es daher, welche agilen Praktiken und Methoden eingesetzt werden können, die den Prozess weiter optimieren.
Eine beispielhafte Darstellung möglicher Ergebnisse dieses Vorgehens zeigt die Tabelle „Beispielhafte Teamergebnisse zur weiteren Prozessoptimierung".

Tabelle: Beispielhafte Teamergebnisse zur weiteren Prozessoptimierung

Prozessschritt	Erkenntnisse des Teams	Lösungsansätze zur weiteren Optimierung
Kalkulation	Es besteht keine ausreichende Transparenz über Kalkulationsergebnisse sowie über Abweichungen zur Nachkalkulation bei allen im Prozess Involvierten, um Anstöße für eine kontinuierliche Verbesserung zu erhalten.	Regelmäßige Retrospektive „Kalkulation und Nachkalkulation“ wird im Soll-Prozess verankert.
	Es besteht keine ausreichende akzeptierte Verantwortlichkeit zur Prozessschritt-übergreifenden kontinuierlichen Verbesserung	Implementierung einer Process Ownership für den Gesamtprozess.
Anforderungsspezifikation	Die bei der Umsetzung der Anforderungen involvierten Bereiche sind nicht ausreichend in die Erstellung der Anforderungsspezifikation eingebunden, um diese kontinuierlich weiterzuentwickeln.	Eine direkte Einbindung weiterer Bereiche in die Anforderungsspezifikation wäre deutlich zu aufwändig, daher wird das Product-Owner-Prinzip eingeführt. Der Product Owner wird künftig im direkten Austausch mit den jeweils relevanten Bereichen deren Anforderungen einholen, diese zusammenführen, bewerten und eine priorisierte Feature-Liste führen. Die Abstimmung der jeweils nächsten Schritte erfolgt in kurzen gemeinsamen Planungssessions mit ausgewählten Bereichen. Andere Bereiche erhalten ein optimiertes Briefing, basierend auf einer Vereinbarung zur „Definition of Ready“.
	Die Kunden sind nicht ausreichend in die Erstellung der Anforderungsspezifikation eingebunden, um den Prozess der Anforderungsspezifikation kontinuierlich zu verbessern.	Prüfung und Test der Einführung von gemeinsam mit den Kunden durchgeführten Design Sprints
	Wir führen keine ausreichende Nachbetrachtung des Prozessschritts durch, um diesen kontinuierlich zu verbessern.	Regelmäßige Retrospektive der Anforderungsspezifikation und Umsetzung wird im Soll-Prozess verankert.

Prozessschritt	Erkenntnisse des Teams	Lösungsansätze zur weiteren Optimierung
Prototypenentwicklung	Wir binden die Kunden nicht ausreichend zur kontinuierlichen Verbesserung unserer Produkte in die Entwicklung der Prototypen ein.	Prüfung und Test der Einführung von gemeinsam mit den Kunden durchgeführten Usability Labs
	Wir entwickeln für eine kontinuierliche Verbesserung unserer Produkte nicht in ausreichendem Maße auch für einzelne Komponenten Prototypen.	Entwicklung von Prototypen im Scrum-Verfahren

Hinweis

Wie die Tabelle aufzeigt, können und müssen nicht alle Handlungsbedarfe mit agilen Praktiken oder Methoden gelöst werden. Gegebenenfalls erhalten Sie somit im Rahmen dieses Arbeitsschritts Anregungen zur weiteren „normalen" Optimierung des neuen Soll-Prozesses.

Die folgende Übersicht über ausgewählte agile Praktiken und Methoden hilft Ihnen dabei, mögliche Lösungsansätze für Ihre Herausforderungen zu identifizieren. Wie oben im Rahmen des Schritts „Aufräumen" ausgeführt, müssen auch die hier entwickelten Lösungsansätze bewertet und priorisiert werden. Weiterhin muss auf Basis der erzielten Ergebnisse gegebenenfalls der Soll-Prozess noch einmal angepasst und dokumentiert werden.

Übersicht agile Praktiken und Methoden

Agile Praktik	Fördert die agilen Prinzipien	Kurzbeschreibung
Daily Stand-ups	– Dialogische, osmotische Kommunikation – Transparenz	– 15 Minuten im Team. Jeden Tag. – Was habe ich gestern getan? – Was plane ich heute zu tun? – Welche Hindernisse stehen mir im Weg?
Time Box	– Fokussierung – Vermeidung von Verschwendung – Dialogische Kommunikation	– Ein Meeting hat einen festen Zeitrahmen. – Ist die Zeit abgelaufen, ist das Meeting beendet – in dem Moment. – Nach und nach entwickeln alle das richtige Gespür und Timing.
Task Boards	– Dialogische, osmotische Kommunikation – Transparenz	– Alle Aufgaben auf einen Blick, vollständig transparent – Hinwirken auf die fokussierte Bearbeitung von Aufgaben durch Limitierung – Pull statt Push – die Mitarbeitenden ziehen ihre jeweils nächste Aufgabe eigenverantwortlich. – Für akzeptierte Verantwortung und Motivation – Soziale Kontrolle ersetzt Managementkontrolle (siehe Daily Stand-ups)
Product Ownership	– Nutzenorientierte Priorisierung – Fokussierung – Akzeptierte Verantwortung	– Eine Rolle in Scrum – Der Product Owner sorgt für am Kundennutzen orientierte Priorisierung von Produktfeatures und managt das Product Backlog (siehe unten). – Sorgt gemeinsam mit dem Team im Rahmen von Sprint Plannings für einen stetigen Arbeitsfluss im Umsetzungsteam.
Backlog	– Fokussierung – Vermeidung von Verschwendung	– Priorisierte Auflistung von Aufgaben – Oder priorisierte Auflistung von Themen – Auf jeden Fall priorisiert!

Agile Praktik	Fördert die agilen Prinzipien	Kurzbeschreibung
Sprint	– Iteration – Schnelle Lieferung – Adaption	– Kurze Arbeitszyklen innerhalb eines länger laufenden Projekts, zum Beispiel zwei Wochen – Wird unter Berücksichtigung der verfügbaren Kapazität und des voraussichtlichen Bearbeitungsaufwands je Position geplant (siehe Sprint Planning). – Ein Sprint läuft ohne Unterbrechung und ohne neue Anforderungen durch, das Team kann sich voll auf die vereinbarten Features konzentrieren.
Sprint Planning	– Nutzenorientierte Priorisierung – Akzeptierte Verantwortung – Selbstorganisation Teams	– Festlegung der Aufgaben, die in einem Sprint zu erledigen sind – Es erfolgt eine Schätzung der erforderlichen Arbeitswerte je Feature (→ siehe Planning Poker). – Festlegung des Sprint Backlogs: Es werden nur so viele Features aufgenommen, wie das Team bewerkstelligen kann.
Planning Poker	– Stetiger Arbeitsfluss – Selbstorganisation Teams	– Das Team schätzt die erforderlichen Arbeitsaufwände zur Erstellung eines Features. – Dies erfolgt zum Beispiel mit Hilfe der Fibonnaci-Folge (1, 2, 3, 5, 8, 13, 21…). – Alle nennen ihre Einschätzung – Die Spieler mit dem niedrigsten und dem höchsten Wert erläutern kurz ihre Einschätzung. – Es erfolgt eine erneute Schätzung. – Wenn alle nah beieinander sind: Arbeitswert steht fest.
Sprint Reviews	– Inkrementelle Optimierung – Transparenz	– Am Ende eines Sprints werden die erstellten Inkremente durch den Product Owner und/oder Stakeholder bewertet und ausgeliefert. – Entscheidung: Produktivsetzung oder Weiterentwicklung durch Product Owner. – Ermöglicht das Lernen durch Rückschau und stetige Verbesserung, u.a. durch Messung des Geleisteten. – Siehe → Stakeholder-Integration

Agile Praktik	Fördert die agilen Prinzipien	Kurzbeschreibung
Work in Progress Limits	– Fokussierung – Akzeptierte Verantwortung – Vermeidung von Verschwendung	– Die Anzahl der in einem Zeitraum zu bearbeitenden Aufgaben wird limitiert. – Ziel ist: Fokussierung durch Priorisierung – So erfolgt ein schnellerer Durchlauf mit weniger Fehlern und höherer Qualität sowie weniger Stress. – So erzielen Teams dauerhaft eine Hochleistung (statt kurzfristiger Höchstleistung mit nachfolgendem Ausgebranntsein).
Crossfunktionale Teams	– Akzeptierte Verantwortung – Ganzheitlichkeit	– Im Team sind alle erforderlichen Kompetenzen vertreten – so kann das Team die erforderlichen Entscheidungen selbst treffen und die geforderte Leistung selbst erbringen. – Verschiedene Perspektiven im Team + verschiedene Kompetenzen im Team = Mehr Ideen! – Feste Verbindungen zwischen Bereichen/Abteilungen beugen der Silobildung vor.
Co-Location	– Dialogische, osmotische Kommunikation – Ganzheitlichkeit	– Mitarbeiter von Abteilung A, B und C teilen sich eine Arbeitsfläche/einen Arbeitsraum. – So entstehen andere, intensivere Kommunikationsflüsse zwischen den Abteilungen. – Horizontalverbindungen beugen der Silobildung vor.
Hindernismanagement	– Vermeidung von Verschwendung – Fokussierung	– Aktives Ausräumen von allen Dingen, die einem Team bei der Erbringung der bestmöglichen Leistung im Wege stehen – Hindernis früh erkannt? Dann ist es leichter aus dem Weg zu räumen. – Hindernis früh ausgeräumt? Führt zu weniger Fehlern, weniger Frust, höherer Produktivität und Motivation. – Siehe → Daily Stand-ups.
Definition of Ready. Definition of Done.	– Akzeptierte Verantwortung – Vermeidung von Verschwendung	– Erwartungen vorab klären. – Wann ist eine Anforderung reif zur Umsetzung? – Wann ist eine Umsetzung reif zur Auslieferung?

Agile Praktik	Fördert die agilen Prinzipien	Kurzbeschreibung
Stakeholderintegration	– Orientierung am Kunden – Regelmäßige Reflexion – Transparenz	– Auslieferung von Inkrementen und → Rapid Prototyping erlauben die direkte Einbindung von Stakeholdern in Entwicklungsprozesse. – Bauen, zeigen, Feedback einholen statt interner Austausch von persönlichen Geschmacksmustern
Burn-Down-Charts	– Transparenz	– Visuelle Darstellung: Was ist abgearbeitet? – Einfache, transparente Fortschrittsanzeige zur Motivation und zur Team-eigenen Steuerung
Retrospektiven	– Inkrementelle Optimierung – Lernen & Entwicklung	– Es erfolgt ein gemeinsamer Blick zurück: • Wie ist unsere Kommunikation? • Wie ist die Stimmung? • Wie sind die Ergebnisse? • Was hat WARUM funktioniert? • Was hat WARUM nicht funktioniert? – Ableitung von Maßnahmen: WIE können wir noch ein Stückchen besser werden?
Rapid Protoyping	– Orientierung am Kunden – Iteratives Vorgehen	– Denken wie ein Designer: Testen. Lernen. Testen. Lernen… – Inkrementelles Vorgehen statt „100%-Lösungen"
Kill your Darlings!	– Orientierung am Kunden – Iteratives Vorgehen	– Turning the B: From Bad to Best – Konzepte werden kritisiert. – Die Kritik wird aufgenommen: Wie können wir das Konzept auf Basis dieser Kritik noch besser machen? – Fördert die Qualität und das Chancendenken: In jeder Kritik steckt eine Chance.
Konsultativer Einzelentscheid	– Vermeidung von Verschwendung – Selbstorganisation	– Auswahl einer Fachperson. – Diese muss andere anhören, also konsultieren. – Die Fachperson entscheidet.

Agile Praktik	Fördert die agilen Prinzipien	Kurzbeschreibung
Konsent	– Vermeidung von Verschwendung – Lernen verstärken	– Eine Methode zur Entscheidungsfindung – In dieser werden gegebenenfalls relevante Einwände benannt. – Es bestehen keine Einwände – der Vorschlag ist angenommen. – Es bestehen Einwände – Argumente zu diesen werden ausgetauscht, verschiedene Sichtweisen transparent und wo immer möglich und sinnvoll in den Lösungsansatz eingebaut. – Die Einwände konnten ausgeräumt werden – der Vorschlag ist nunmehr angenommen. – Es bestehen weiterhin relevante Einwände – der Vorschlag ist abgelehnt und wird nicht umgesetzt.
Governance Meetings	– Regelmäßige Reflexion – Inkrementelle Entwicklung – Kontinuierliche Verbesserung – Akzeptierte Verantwortung	– Die Organisation ist unklar oder ein Prozess läuft nicht rund – jeder Mitarbeitende kann und soll ein Governance Meeting einberufen. – Festes Format zur Entwicklung und Entscheidung von Lösungen, zum Beispiel Anpassung von Rollen oder Vorgehensweisen

Agile Methode	Kurzbeschreibung
Scrum	– Klare Rollen: Product Owner. Scrum Master. Scrum Team. – Product Owner: Gestaltet das Produkt mittels nutzenorientierter Prorisierung und entscheidet so, WAS gemacht wird (siehe oben). – Scrum Master: Stellt die Einhaltung der Regeln sicher und räumt Hindernisse aus dem Weg. – Scrum Team: Entwickelt – und entscheidet, WIE die Dinge gemacht werden. – Arbeiten in Sprints – Sprint Reviews zur Abstimmung der Inkremente – Und viele unterstützende Praktiken wie Daily Stand-ups, Planning Poker, Definition of Ready, Definition of Done, Burn-Down-Charts …
Kanban	– Kanban Board mit verschiedenen Kategorien und Serviceklassen – Die Teammitglieder ziehen sich ihre Aufgaben – Durchführung von Daily Stand-ups – Festlegung und Einhaltung von Work-in-Progress-Limits – Und viele weitere Möglichkeiten wie Blockaden-Reviews, Cumulative Flow Diagram, Kaizen
Design Thinking	– Multidisziplinäre Teams entwickeln in einem iterativen Prozess auf Basis eines tiefen Problemverständnisses neue Angebote und Lösungen. – Auf Exploration folgt Ideengenerierung. – Es werden so schnell wie möglich Prototypen entwickelt und getestet. – Das Gelernte fließt in einen neuen, hoffentlich besseren Prototypen ein; dieser wird wiederum getestet. – Und so weiter …

Zusammenfassung: Vorgehen Entwicklung optimierter Prozesse

Soll-Prozess entwickelt →

1. Angestrebte Ziele und erste Erkenntnisse sichten	Sichten Sie in einem gemeinsamen Workshop mit den Optimierern zunächst noch einmal die Ziele und angestrebten Outcomes der Prozessoptimierung; betreten Sie sodann den „Problemraum" und sichten Sie die im Debriefing und der Prozessdokumentation festgehaltenen Hindernisse, Probleme, Fehler, Fehlerquellen sowie erste Ideen zur Optimierung
2. Problemfelder ableiten und Ursachen identifizieren	Identifizieren Sie die aus Sicht der verschiedenen Beteiligten und Rollen wichtigsten Problemfelder, priorisieren Sie diese (zum Beispiel mittels Dot-Voting, Nominierungsrangreihe oder Punkt-für-Punkt-Rangreihe) und lokalisieren Sie deren Ursachen; erste Ideen und Optimierungsansätze können parallel gesammelt werden, im Fokus steht jedoch vorerst die Ursachenanalyse
3. Ideen zur Optimierung sammeln	Wechseln Sie in den „Lösungsraum": Sammeln und entwickeln Sie weitere Optimierungsideen für die identifizierten Problemursachen; planen Sie für die Ideengenerierung eine Inkubationszeit ein (ca. eine Woche zwischen Prozessdokumentation und Optimierungsworkshop)
4. Ideen auswählen	Legen Sie mit den Workshop-Teilnehmern Kriterien zur Auswahl der Ideen fest und nehmen Sie auf dieser Basis eine Priorisierung vor (zum Beispiel mittels freier Diskussion, Dot-Voting oder Reihum-Nominierung)
5. Ideen bewerten	Sammeln Sie in einer offenen Diskussion im Team die Vorteile, Nachteile, Chancen und Risiken der priorisierten Optimierungsideen und gleichen Sie die Erkenntnisse und erzielbaren Effekte mit den Zielen und Outcomes ab; leiten Sie sodann die Voraussetzungen zur Realisierung der Ideen ab und bewerten Sie sowohl Umsetzbarkeit als auch Umsetzungsaufwand; auf dieser Basis können Sie gemeinsam bewerten, welche Ideen umgesetzt und welche verworfen werden
6. Neuen optimierten Soll-Prozess gestalten	Überführen Sie die ausgewählten Optimierungsideen in den Gesamtprozess und gestalten Sie so gemeinsam den neuen Soll-Prozess; berücksichtigen Sie hierbei etwaige Abhängigkeiten der einzelnen Ansätze untereinander und entwickeln Sie bei Bedarf mehrere Varianten des Soll-Prozesses, die Sie anschließend bewerten und von denen Sie eine auswählen
7. Agile Ansätze zur weiteren Optimierung prüfen	Prüfen Sie systematisch, ob der optimierte Soll-Prozess durch agile Praktiken und Methoden weiter verbessert werden kann: a. Vergegenwärtigen Sie sich in einem Team-Workshop, welches die für das Team wichtigsten agilen Prinzipien sind b. Prüfen Sie gemeinsam, welche Erfordernisse die einzelnen agilen Prinzipien an das Prozessdesign stellen und welche Voraussetzungen zur Erfüllung geschaffen werden müssen c. Identifizieren Sie die Stellen im neuen Soll-Prozess, an denen die agilen Prinzipien noch nicht zufriedenstellend berücksichtigt sind beziehungsweise d. die Voraussetzungen hierfür noch nicht geschaffen sind Sofern Sie Handlungsbedarf identifiziert haben, prüfen Sie, welche agile Praktiken und Methoden Lösungen bieten
8. Finalen agilen Soll-Prozess gestalten und weitere Schritte festlegen	Bewerten und priorisieren Sie die neuen Lösungsansätze und integrieren Sie diese in den neuen Soll-Prozess, sodass ein optimierter agiler Soll-Prozess entsteht; legen Sie nun noch die nächsten Schritte fest, wie z.B. die Dokumentation des Soll-Prozesses

Als letzter Schritt der Agilen Prozessoptimierung folgt die **Planung und Durchführung der Umsetzungsmaßnahmen**

2.6 Maßnahmen zur Umsetzung planen und durchführen

1 Ziele Ihrer Agilen Prozessoptimierung festlegen
Umfang der Agilen Prozessoptimierung bestimmen
Beteiligte an der Agilen Prozessoptimierung auswählen

2 Das Team für die Agile Prozessoptimierung einbinden und die Feinplanung durchführen
Das Team trainieren
Die Rollen im Team klären
Die Erhebung von Mengengerüsten und Zeiten planen
Das Team bei der Durchführung der Prozessdurchläufe unterstützen

3 Prozessdurchläufe durchführen

4 Prozessdurchläufe dokumentieren

5 Optimierte Prozesse entwickeln

6 – – **Maßnahmen zur Umsetzung planen und durchführen**

Wie werden die Optimierungspotenziale umgesetzt?

Zur Umsetzung der Optimierungsmaßnahmen können Sie klassische oder agile Methoden einsetzen. Daher sollte vor der Planung der Maßnahmen die Umsetzungsmethode festgelegt werden. Die Wahl der richtigen Umsetzungsmethode hängt von den Optimierungsansätzen ab, die Sie realisieren wollen. Je nach Art und Umfang der umzusetzenden Optimierung, aber auch den eigenen Erfahrungen und Kompetenzen kann zum Beispiel ein Vorgehen mittels Scrum, mit Unterstützung durch Kanban oder klassischem Projektmanagement sinnvoll sein. Indikatoren für die Auswahl finden Sie in der Tabelle „Klassisch versus Agil".

Grundsätzlich unterscheiden sich die beiden Ansätze vor allem im Grad Ihrer Flexibilität, der Art und Weise, wie die Projektmitglieder eingebunden werden und miteinander kommunizieren sowie hinsichtlich der Entscheidungsbefugnisse.

Grundlegende Vorteile agiler Methoden wie Scrum sind zum Beispiel:

- Die Planung erfolgt jeweils für kurze Zeitabschnitte (Sprints von zum Beispiel zwei Wochen Dauer), das Vorhaben wird nicht in Gänze vorgeplant
- Der regelmäßige, bis hin zum täglichen, Abgleich im Team macht Hindernisse frühzeitig transparent
- Dies erlaubt die schnelle Anpassung zum Beispiel an unerwartete Entwicklungen, Änderungen und neue Anforderungen und reduziert das Risiko des Scheiterns
- Die Stakeholder werden in kurzen Zeitabständen eingebunden und können Feedback zu den Zwischenergebnissen geben
- Eigenverantwortliches Arbeiten und agiles Denken werden gefördert

Dem stehen selbstverständlich mögliche Nachteile gegenüber. So müssten bei erstmaliger Anwendung von Scrum neue Rollen (Product Owner und Scrum Master) eingeführt und geschult werden. Auch wird in Scrum nicht auf ein festes Umsetzungsdatum hingearbeitet.

Klassisches Projektmanagement hingegen zeichnet sich durch eine sehr strukturierte und oftmals starre Vorgehensweise aus. Durch klare Vorgaben werden die Teammitglieder von einem Projektleiter gesteuert und koordiniert. Dies erfordert jedoch eine gute Vorplanbarkeit des Projekts und einen hohen Konzeptions- und Planungsaufwand im Vorfeld.

Tabelle „Klassisch versus Agil"

	Klassisches Projektmanagement	Agiles Projektmanagement
Stabiles Projektumfeld	X	
Dynamisches Projektumfeld		X
Gut und langfristig planbares Projekt	X	
Schwer planbares Projekt		X
Klar definierte Anforderungen und Ziele	X	
Unscharfe Anforderungen		X
Großes Umsetzungsteam	X	
Kleines Umsetzungsteam		X
Starke Einbindung der Betroffenen vorteilhaft		X
Viele neue agile Ansätze		X
Förderung von Selbstmotivation, Selbstorganisation und Vertrauen wichtig		X

Selbstverständlich können Sie auch einen hybriden Ansatz für Ihr Projekt wählen und so die Vorteile beider Ansätze kombinieren. Diese Vorgehensweise bietet sich vor allem bei größeren Projekten mit mehreren Teilprojekten an. So können Sie für das jeweilige Teilprojekt und seine spezifischen Anforderungen den sinnvollsten Ansatz auswählen. Gleichzeitig können Sie für einen Teil Ihres Vorhabens gegebenenfalls erste Erfahrungen mit agilen Ansätzen sammeln.

Tipp!

Führen Sie nach der Umsetzung ein Review-Meeting mit dem ursprünglichen Team der Optimierer durch. Evaluieren Sie gemeinsam, ob die geplanten Maßnahmen zu der gewünschten Optimierung geführt haben. Initiieren Sie bei Bedarf weitere Maßnahmen zur Optimierung.

Nachdem Sie eine für Ihr Vorhaben und Ihr Unternehmen geeignete Umsetzungsmethode ausgewählt haben, widmen Sie sich nun den konkreten Maßnahmen. Überlegen Sie gemeinsam mit dem Team der Optimierer, welche konkreten Veränderungen erforderlich sind, um die angestrebten Optimierungsansätze zu realisieren, und welche Maßnahmen hierfür ergriffen werden müssen.

Maßnahmen zur Umsetzung planen

Welche Maßnahmen müssen geplant werden?

Überführen Sie die ausgearbeiteten Lösungsansätze nun in konkrete Maßnahmen. Überlegen Sie auf Basis der in den Optimierungsworkshops erarbeiteten Voraussetzungen zur Realisierung, welche Maßnahmen Sie für die Umsetzung ergreifen müssen. Dies kann im Team in einem weiteren Workshop erfolgen. Alternativ benennt das Team ausgewählte Verantwortliche, die einen Vorschlag erarbeiten. Dieser wird von allen Teammitgliedern aus ihrer jeweiligen Perspektive geprüft und bei Bedarf ergänzt.

Eine Kategorisierung möglicher Umsetzungsmaßnahmen (siehe Kasten) hilft Ihnen dabei, keine wichtigen Maßnahmen zu vergessen. Prüfen Sie bei der Ausarbeitung regelmäßig, ob Sie an alles gedacht haben.

Bei Anwendung klassischer Projektmanagement-Methoden überführen Sie die Maßnahmen in einen Maßnahmenplan und planen Sie die Abfolge der Umsetzung sowie etwaige Abhängigkeiten einzelner Maßnahmen. Benennen Sie zudem einen Gesamtverantwortlichen, der die Umsetzung steuert.

Bei Anwendung von Scrum benennen Sie einen Product Owner, der den Backlog managt und nutzenorientiert priorisiert. Weiterhin muss die Rolle des Scrum Masters besetzt werden. Bei Kanban priorisieren die Teammitglieder die Maßnahmen selbst.

Kategorisierung möglicher Umsetzungsmaßnahmen:

Regeln: Benötigen wir (neue) Regeln und Richtlinien zur Ausführung des Prozesses oder zur Handhabung von Ausnahmefällen?

Methoden: Benötigen wir neue (zum Beispiel agile) Arbeitsmethoden, um den Prozess effizienter zu gestalten?

Schulung: Müssen die Prozessbeteiligten in der Anwendung der Systeme, Arbeitsmethoden oder dem Prozessablauf geschult werden?

Personalentwicklung: Benötigen die Prozessbeteiligten weiteres Know-how oder neue Fertigkeiten zur Ausführung des optimierten Prozesses?

Betriebsmittel: Benötigen wir neue oder eine Erweiterung/Anpassung der bestehenden Betriebsmittel wie Maschinen, Tools und Systeme zur Optimierung?

Organisationsstruktur: Müssen wir einzelne Arbeitsbereiche, Abteilungen oder unsere gesamte Organisation neu strukturieren?

Personalmaßnahmen: Müssen Anpassungen des Stellenplans (Aufbau und/oder Abbau) sowie an Formalia erfolgen?

Steuerungsprozesse: Benötigen wir neue Steuerungsprozesse, um Abstimmungs- und Entscheidungswege im Prozess zu optimieren?

Führung und Kultur: Streben wir Veränderungen hinsichtlich Führung und Kultur an?

Wie kann der optimierte Prozess zukünftig besser gesteuert werden?

Je nach Umfang der Optimierung kann die Anpassung der Prozessabläufe bei Ihren Mitarbeitern etwas Zeit in Anspruch nehmen. Sie müssen die neuen Abläufe erst üben und verinnerlichen. Nicht selten verfallen die Prozessbeteiligten wieder in alte Arbeitsweisen und Verhaltensmuster. Prüfen Sie daher regelmäßig, ob die initiierten Optimierungsmaßnahmen auch nachhaltig gelebt werden. Hierbei können Ihnen Key Performance Indikatoren helfen. Mittels geeigneter Kennzahlen können Sie überprüfen, wie gut der neue Prozess ausgeführt wird und ob die Optimierungsmaßnahmen greifen.

Wichtig ist, dass Sie die richtigen Kennzahlen verwenden, um entsprechende Aussagen ableiten zu können, und dass Sie frühzeitig geeignete Maßnahmen zum Gegensteuern einleiten. Und so können Sie bei der Steuerung Ihrer neuen Prozesse vorgehen:

1. Kennzahlen auswählen

Betrachten Sie den jeweiligen Prozess und leiten Sie seinen Zweck, die Ziele und die angestrebten Ergebnisse ab. Überlegen Sie sodann, mittels welcher Kennzahlen diese am besten gemessen werden könnten. Beschränken Sie sich auf wenige und einfache Kennzahlen, die möglichst aussagekräftig sind. Orientieren Sie sich hierbei an den kritischen Erfolgsfaktoren

Kennzahlenkategorie	Beispiele
Kennzahlen zur Outputmenge	– Produzierte Stückzahl pro Tag – Bearbeitete Aufträge pro Tag – Anzahl gewonnener Neukunden pro Quartal – Anzahl an Innovationsprojekten, die es bis zur Marktreife geschafft haben, pro Jahr Etc.
Kostenkennzahlen	– Eingesetzte Materialkosten pro Stück – Eingesetzte Personalkosten je gewonnenen Neukunden – Prozesskosten insgesamt – Etc.
Zeitbezogene Kennzahlen	– Durchlaufzeit des Prozesses – Bearbeitungsdauer einzelner Prozessschritte bzw. -abschnitte – Auslieferungszeit eines Produkts – Reaktionszeit auf eine Kundenanfrage – Etc.
Qualitätskennzahlen	– Fehlerquote – Ausschussquote – Anzahl an Beschwerden – Etc.
Prozesskennzahlen	– Bearbeitete Vorgänge/Arbeitswerte – Anzahl der bearbeiteten Vorgänge pro Zeiteinheit oder Vollzeitäquivalent – Grad der Rückstände im Zeitverlauf/nach Teams – Etc.

des jeweiligen Prozesses. Nachfolgend finden Sie einige Beispiele und mögliche Kategorien von Kennzahlen, die Ihnen etwas Inspiration bei der Auswahl geeigneter Kennzahlen geben (s. auch Abschnitt 2.2.4 zur Erhebung von Mengengerüsten und Zeiten).

Tipp!

Berücksichtigen Sie bei der Auswahl Ihrer Kennzahlen auch mögliche Früh- und Spätindikatoren. Überlegen Sie, mittels welcher Kennzahlen Sie frühzeitig Aussagen bezüglich des zu erwartenden Ergebnisses des Prozesses ableiten können. Diese erlauben Ihnen, steuernd in den Prozessablauf einzugreifen, um ungewollte Ereignisse oder Ergebnisse abzuwenden, bevor diese eintreten. So können beispielsweise fehlerhafte Produkte oder zu späte Auslieferungen vermieden werden.

Spätindikatoren hingegen ermöglichen Ihnen, das Ergebnis des Prozesses im Nachhinein einer retrospektiven Betrachtung zu unterziehen. Sie können die Ergebnisse über einen festzulegenden Zeitraum beobachten und dann miteinander vergleichen, um aussagekräftige Rückschlüsse zu ziehen. Der Prozess kann anschließend je nach Ergebnis der Retrospektive durch geeignete Maßnahmen weiter optimiert werden. So vermeiden Sie, dass Sie den Prozessablauf auf Basis einer Einzelfallbetrachtung erneut anpassen.

2. Soll-Vorgaben zu den Kennzahlenwerten machen

Nachdem Sie nun geeignete Kennzahlen zur Steuerung Ihrer Prozesse ausgewählt haben, sollten Sie sich im nächsten Schritt Gedanken zu den Soll-Vorgaben machen. Legen Sie Zielwerte für die einzelnen Kennzahlen fest. Geben Sie zusätzlich zu den Zielwerten auch Korridore für akzeptable Abweichungen nach oben und unten an. Und legen Sie die kritischen Werte fest, bei denen ein Einschreiten mittels geeigneter Maßnahmen erforderlich ist.

Machen Sie die Kennzahlen und Soll-Vorgaben transparent. Alle involvierten Mitarbeiter sollten verstehen, was die Kennzahl bedeutet, was sie aussagt und wie sie diese beeinflussen. Außerdem sollten die durch die Kennzahl abgebildeten Ziele und die Soll-Vorgaben mit den Mitarbeitern abgestimmt werden.

3. Erhebungsmethode festlegen und Daten erheben

Legen Sie nun fest, mit welcher Methode die jeweiligen Kennzahlen erhoben werden sollen. Die Datenerhebung und -auswertung sollte möglichst automatisch (zum Beispiel über Systemreports) erfolgen. Halten Sie den manuellen Aufwand so gering wie möglich. Bei einigen Kennzahlen wird sich dieser aber nicht ganz vermeiden lassen. Dies trifft vor allem auf einige zeitbezogene Kennzahlen zu, da diese häufig nicht in Systemen erfasst werden.

Mit der Festlegung der Methode sollten Sie auch den Zeitraum und die Häufigkeit der Kennzahlenerhebung definieren:

- Über welchen Zeitraum wollen wir die Kennzahlen auswerten?
- Wie häufig wollen wir die Daten erheben, um eine angemessene Vergleichsbasis zu haben?

Und vergessen Sie nicht, einen Verantwortlichen hierfür zu benennen. Wir empfehlen, einen Process Owner je Prozess zu benennen. Dieser steuert die Erhebung der erforderlichen Daten und interpretiert die Ergebnisse der Kennzahlenerhebung. Der Process Owner sollte von Anfang an in die Auswahl geeigneter Kennzahlen zur Steuerung des Prozesses eingebunden werden.

Erheben Sie die erforderlichen Daten und machen Sie auch die Ergebnisse der Datenerhebung sowie die hieraus abgeleiteten Konsequenzen für alle involvierten Mitarbeiter transparent.

4. Maßnahmen ableiten und einleiten

Auf Basis der Kennzahlenauswertung werden bei Bedarf geeignete Maßnahmen – entweder zur kurzfristigen Behebung von Störfaktoren und/oder zur langfristigen Optimierung des Prozesses – abgeleitet und initiiert. Die Maßnahmen wiederum müssen überwacht werden, um zu prüfen, ob diese auch greifen. Justieren Sie die Maßnahmen nach, sofern erforderlich. Dies sollte ebenfalls Aufgabe des Process Owners sein.

Und vergessen Sie nicht, in regelmäßigen Abständen zu prüfen, ob die einzelnen Kennzahlen für die Steuerung des Prozesses noch geeignet sind. Eignen sie sich nicht mehr, streichen oder ersetzen Sie sie.

Zusammenfassung: Vorgehen Planung und Durchführung der Umsetzungsmaßnahmen

Soll-Prozess entwickelt →

1. Umsetzungsmethode festlegen	Wählen Sie je nach Art und Umfang der umzusetzenden Optimierung und den Erfahrungen und Kompetenzen in Ihrem Unternehmen die für Ihr Vorhaben passende Umsetzungsmethode aus, also klassische Projektmanagement-Methoden, agile Methoden wie Scrum und Kanban oder einen hybriden Ansatz
2. Maßnahmen zur Optimierung planen	Leiten Sie auf Basis der ausgearbeiteten Lösungsansätze und abgeleiteten Umsetzungsvoraussetzungen aus dem Optimierungsworkshop die konkreten Maßnahmen zur Realisierung ab; überführen Sie diese je nach Umsetzungsmethode zum Beispiel in einen Maßnahmenplan, ein Backlog oder ein Kanban-Board inklusive Benennung des oder der Verantwortlichen
3. Maßnahmen umsetzen	Setzen Sie die geplanten Maßnahmen um und führen Sie bei Bedarf erforderliche Change-Maßnahmen durch; es kann etwas Zeit in Anspruch nehmen, bis der neue Soll-Prozess von allen Beteiligten gelebt wird
4. Neuen Soll-Prozess überwachen und steuern	Überprüfen Sie mittels eines geeigneten Steuerungssystems, ob der neue Soll-Prozess gelebt wird und die Optimierungsmaßnahmen zu den gewünschten Veränderungen führen; greifen Sie bei Bedarf steuernd ein: a. Wählen Sie geeignete Kennzahlen zur Steuerung des Prozesses aus (Basis sind Zweck, Ziele und Ergebnisse des Prozesses) b. Machen Sie Soll-Vorgaben zu den Kennzahlenwerten und stimmen Sie diese mit den Beteiligten ab (Zielwerte, Abweichungskorridore, kritische Werte) c. Legen Sie die Methode, den Zeitraum und die Häufigkeit der Datenerhebung fest sowie einen Verantwortlichen; erheben Sie die Daten und machen Sie die Ergebnisse transparent d. Leiten Sie bei Bedarf geeignete Maßnahmen zur kurzfristigen Beseitigung von Störfaktoren und/oder langfristigen Optimierung des Prozesses ab und initiieren Sie die Umsetzung dieser
5. Review-Meeting durchführen	Führen Sie nach der Umsetzung ein Review-Meeting mit dem ursprünglichen Team der Optimierer durch und prüfen Sie gemeinsam, ob die geplanten Maßnahmen zur gewünschten Optimierung geführt haben; leiten Sie bei Bedarf weitere Maßnahmen ein

3

Agile Prozessoptimierung digital

Sie möchten eine Agile Prozessoptimierung mit Kollegen im Home Office oder an verteilten Standorten durchführen? Oder Sie arbeiten bereits mit einem digitalen Prozessmanagement-Tool? Dann können Sie für die Agile Prozessoptimierung auf digitale Werkzeuge zurückgreifen. Hierbei können Sie zwischen drei Ansätzen wählen:

1. Sie setzen ein webbasiertes Prozessmanagement-Tool ein
2. Sie verwenden ein digitales Whiteboard-Tool
3. Sie kombinieren 1. und 2. und setzen je Schritt unterschiedliche digitale Tools ein

Mithilfe dieser Tools, sowie einem Videokonferenzsystem können Sie die Agile Prozessoptimierung in Teilen oder vollständig in virtueller Zusammenarbeit durchführen. So können Sie Ihre Arbeitssitzungen vollständig auf Distanz oder mit einem Teil des jeweiligen Teams vor Ort und weiteren Teammitgliedern an anderen Standorten verteilt, durchführen. Nachfolgend finden Sie zunächst Hinweise zur Variante 1., in Kapitel 3.2 dann zum Einsatz digitaler Whiteboards.

3.1 Agile Prozessoptimierung mit webbasierten Prozessmanagement-Tools

Tools zum Prozessmanagement bieten eine Vielzahl von Funktionen an, die für die Agile Prozessoptimierung hilfreich sind: Eine Basiskomponente sind Editoren zur Darstellung und Modellierung von Prozessen; weiterhin können zumeist Prozessalternativen simuliert werden und einige Tools unterstützen auch den Austausch zwischen den Prozessbeteiligten und den Prozessmanagern/-verantwortlichen. Damit können Prozessbeteiligte schnell und einfach Feedback zu den Soll-Prozessen wie Hinweise auf Probleme und Hindernisse oder Verbesserungsvorschläge geben. So unterstützen Prozessmanagement-Tools die Agile Prozessoptimierung von der Identifikation des Optimierungsbedarfs über die Entwicklung und Dokumentation der Lösungsansätze bis hin zur Umsetzung. Worauf Sie hierbei achten sollten, erläutern wir entlang der sechs Schritte der Agilen Prozessoptimierung.

1 | Ziele, Umfang und Beteiligte festlegen

Sofern Ihr Prozessmanagement-Tool den Austausch der Prozessanwender untereinander und mit den Prozessverantwortlichen ermöglicht, können Sie auf Basis der entsprechenden Beiträge und Diskussionen Hinweise auf den Handlungsbedarf je Prozess ableiten. Diese helfen Ihnen auch, relevante Ziele zu definieren, welche die praktische Erfahrung der Prozessbeteiligten mit dem aktuellen Prozess berücksichtigen. Prüfen Sie hierbei jedoch, ob auch bereichsübergreifend auftretende Probleme besprochen werden und haken Sie gegebenenfalls besonders an dieser Stelle nach.

Mit Hilfe der im Tool hinterlegten Prozesse können Sie zudem den zu betrachtenden Umfang eingrenzen. Auch hier sollten Sie sich nicht allein auf die im Tool hinterlegten Prozesse verlassen. Die Erfahrung zeigt, dass nicht immer alle Prozessvarianten und wichtigen Anwendungsfälle dokumentiert sind. Zudem weichen die Ist-Prozesse mehr oder weniger stark von den Soll-Prozessen ab – je nach der seit der Prozessanlage vergangenen Zeit und dem betriebenen Pflegeaufwand. Datenbanken sind ebenso geduldig wie Papier.

Weiterhin können vorhandene Prozessdefinitionen bei der Festlegung des zu betrachtenden Umfangs und der Festlegung, ob Prozesse in Gänze oder lediglich in Ausschnitten analysiert und optimiert werden. Ebenso sollte im Tool hinterlegt sein, welche Bereiche im definierten Prozessumfang relevant sind. So

Tipp!

Sie möchten oder müssen Ihre Agile Prozessoptimierung mit über verschiedene Standorte verteilten Teams durchführen? Hinweise, wie dies gelingt, erhalten Sie im folgenden Kapitel 3.2. Dort erfahren Sie, wie Sie diesen und weitere Schritte mit Hilfe weiterer digitaler Tools unterstützen können.

können Sie gegebenenfalls bereits festlegen, welche Bereiche Sie in das Vorhaben einbinden möchten.

2 | Feinplanung durchführen, Team trainieren und Rollen klären

Wie oben ausgeführt, beinhaltet die Durchführung der Agilen Prozessoptimierung ein Training der beteiligten Optimierer. Darin werden dem Team der Optimierer üblicherweise die Methode, wichtige Grundlagen zur Prozessoptimierung und, sofern förderlich, Grundsätze agilen Denkens und Handelns vermittelt. Bei der Verwendung eines Prozessmanagement-Tools sollte zudem geprüft werden, ob auch eine Anwendungsschulung für dieses Tool angeraten ist. Dies kann eine Erstschulung für das gesamte Team oder für einzelne Teammitglieder sein, die noch nicht mit dem Prozessmanagement-Tool gearbeitet haben. Vielleicht lässt sich der Trainingsbedarf auch mittels eines „Refresher"-Trainings oder der gezielten Vermittlung ausgewählter Funktionen oder Module abdecken. Um dies zu bestimmen, sollte bereits an dieser Stelle ein Einsatzkonzept erstellt werden. Klären Sie in diesem Zusammenhang die folgenden Fragen:

- Wie setzen wir das Prozessmanagement-Tool während der Prozessdurchläufe ein?
  - Nutzen wir das Tool, um den beobachteten Prozess direkt im Tool (grob) zu dokumentieren?
  - Nutzen wir das Tool, um beobachtete Abweichungen zwischen dem dokumentierten und dem beobachteten Prozess zu identifizieren und zu dokumentieren?
  - Werden wir während der Prozessdurchläufe auch Mengengerüste und Zeitangaben erheben und, wenn ja, in welchem Tool hinterlegen wir diese?
  - In welchem Tool werden die Optimierer ihre Beobachtungen dokumentieren – kann dies ebenfalls im Prozessmanagement-Tool erfolgen oder nutzen wir hierzu ein anderes Tool?
  - Mit welchem Tool arbeiten wir während des beziehungsweise der Debriefings?
- Wie setzen wir das Prozessmanagement-Tool während der Optimierungs-/Konzeptionsphase ein?
  - In welchem Tool sammeln wir Probleme und Hindernisse?
  - Erarbeiten wir den neuen Soll-Prozess direkt im Prozessmanagement-Tool? Falls ja, welche Notationselemente verwenden wir?
  - Möchten wir auch Prozess-Simulationen durchführen, um den neu entwickelten Prozess mit dem Ist-Prozess oder verschiedene Prozessvarianten zu vergleichen?
- Wie setzen wir das Prozessmanagement-Tool zur Planung und Steuerung der Umsetzungsmaßnahmen ein?

Wenn Sie die oben angeführten Fragen geklärt haben, können Sie die sich hieraus ergebenden Anforderungen an die Anwendungskenntnisse der Teammitglieder und den Moderator ableiten und mit deren Systemkenntnissen abgleichen. So kann die Schulung auf den tatsächlichen Bedarf zugeschnitten werden.

Auch bei der Feinplanung, also der exakten Festlegung des Umfangs, der Prozessstationen und der Inputgeber kann das Tool hilfreich sein – sofern es gut gepflegt wurde.

Tipp!

Beachten Sie bei der Erarbeitung des Einsatzkonzepts auch folgenden Aspekt: Es kann vorkommen, dass die im Tool hinterlegten Prozesse einen kleineren Umfang aufweisen, als für die Agile Prozessoptimierung festgelegt. Vielleicht wurde ein End-to-End-Prozess nicht umfänglich als ein Prozess, sondern fragmentiert in mehreren Prozessen oder in einem anderen Zuschnitt hinterlegt. Bewerten Sie in diesem Fall gemeinsam im Team, wie damit umgegangen werden soll.

3 | Prozessdurchläufe durchführen

Ob und wie Sie Ihr Prozessmanagement-Tool im Rahmen der Prozessdurchläufe einsetzen, haben Sie bereits unter „2 | Feinplanung durchführen, Team trainieren und Rollen klären" festgelegt. Im einfachsten Fall erfolgt die grobe Dokumentation des beobachten Vorgehens im Prozessmanagement-Tool durch den Rolleninhaber „Weißer Hut" parallel zu den Ausführungen der Inputgeber. Bei Anwendung eines Prozessmanagement-Tools zur Dokumentation während der Durchläufe hat sich ein einfacher Ansatz mit wenigen Notationselementen bewährt. Inwiefern die Dokumentation der beobachteten Abweichungen des Ist- vom Soll-Prozess erfolgen sollte, ist Ermessenssache. Dies kann sinnvoll sein, wenn Sie nur überschaubare Abweichungen erwarten und das eingesetzte Tool dies ausreichend unterstützt.

Wenn Sie im Prozessdurchlauf Daten und Mengengerüste erheben und diese direkt hinterlegen möchten, müssen Sie vorab festlegen, wie dies exakt erfolgen soll. Gleiches gilt, wenn die Optimierer im Tool ihre relevanten Beobachtungen eingeben sollen.

4 | Prozessdurchläufe dokumentieren

Der „Weiße Hut" hat bereits während der Prozessdurchläufe den beobachteten Ablauf im Prozessmanagement-Tool dokumentiert? Dann sollte der Inhaber dieser Rolle möglichst bald nach dem Durchlauf die eigene Dokumentation überprüfen und weiterbearbeiten. Häufig konnte in der Kürze der Zeit zunächst nur der Regelfall dokumentiert und nicht alle Prozessschleifen bereits erfasst werden etc. Entsprechend fällt hier Nacharbeit an.

Sofern die Dokumentation anders erfolgte, muss sie nun in das Prozessmanagement-Tool übertragen werden. Dies gilt gegebenenfalls auch für Inhalte und Daten, die durch die Inputgeber nachgeliefert werden.

Vorteilhaft ist es, wenn die Beobachtungen und Anmerkungen aller Optimierer hinsichtlich Problemen, Fehlern, Hindernissen und Optimierungsideen übersichtlich in einer einzigen Quelle zusammengeführt werden. Dies erleichtert die weitere Bearbeitung.

5 | Optimierte Prozesse entwickeln

Zur Erinnerung: In diesem Schritt entwickelt das Team in zwei Schritten Verbesserungsansätze. Zunächst wird auf Basis der erkannten, im Team diskutierten und abgestimmten Optimierungsansätze ein optimierter Soll-Prozess erarbeitet. Im zweiten Schritt wird geprüft, ob agile Praktiken und Methoden den Prozess weiter verbessern.

Sofern das von Ihnen eingesetzte Prozessmanagement-Tool einen einfachen Editor zur Entwicklung von Prozessen bietet, können beide Schritte in diesem Tool erfolgen. Es ist jedoch wirklich wichtig, dass Änderungen am Prozess, wie das Einfügen neuer Arbeitsschritte, Verzweigungen etc., die Änderung der Abfolge einzelner Prozessschritte oder auch die Benennung von Prozessschritten einfach und schnell durchgeführt werden können. Gleiches gilt für die Hinterlegung ergänzender Informationen und Kommentaren. Erfordert dies zu viel Zeit, geht das schnell zulasten einer motivierten und effektiven Diskussion im Team.

Die Anlage von optimierten Prozessen im Prozessmanagement-Tool versetzt Sie in die Lage, verschiedene Varianten zu simulieren – sofern Ihr Tool diese Funktion anbietet und die hierfür erforderlichen Daten zur Verfügung stehen.

Tipp!

Legen Sie gegebenenfalls vor der Diskussion über agile Praktiken und Methoden geeignete Notationen im Tool fest – zum Beispiel für Praktiken wie Daily Stand-ups, Sprint Plannings, Reviews oder Retrospektiven. Dies vereinfacht die Dokumentation und fördert so die Qualität der Diskussion.

6 | Maßnahmen zur Umsetzung planen und durchführen

Mit der Dokumentation des neuen Soll-Prozesses in einem im Unternehmen breit genutzten Prozessmanagement-Tool haben Sie bereits eine Voraussetzung für erfolgreiches Change Management geschaffen: Transparenz über das Geplante. Die Prozessbeteiligten können auf

Basis der Dokumentation im Tool nachvollziehen, wie der Prozess künftig ablaufen soll – je nach Darstellung allerdings mehr oder weniger gut (bedenken Sie auch hier wieder, dass nicht alle Menschen in Prozessen denken und typische Prozessdarstellungsformen oftmals schwer nachvollziehbar sind). Wählen Sie möglichst eine Darstellungsweise, die einfach nachzuvollziehen ist. Je nachdem, welche Möglichkeiten Ihr Tool bietet, um Prozesse darzustellen, leistet es einen mehr oder weniger großen Beitrag zur Vermittlung des neuen Prozesses.

Weiterhin bieten einige Tools den Anwendern die Möglichkeit, Prozesse zu bewerten und direkt Feedback im Tool zu hinterlegen, zu diskutieren, sowie Aufgaben zu definieren. So kann ein Prozessmanagement-Tool die Entwicklung hin zum neuen Soll-Prozess direkt unterstützen – im Hinblick auf die Kommunikation und das Umsetzungsmanagement. Und: Der entwickelte Prozess kann nun im unternehmensüblichen Umfeld und Verfahren weiter optimiert und gepflegt werden.

Der Einsatz eines webbasierten Prozessmanagement-Tools ermöglicht somit nicht nur die Durchführung der Agilen Prozessoptimierung im Remote-Modus, sondern unterstützt die Agile Prozessoptimierung auf vielfältige Art. Aber auch ohne ein solches Tool können Sie über verteilte Standorte arbeiten und die Agile Prozessoptimierung durchführen. Dies gelingt mit Hilfe von digitalen Whiteboards auf einfache Weise.

3.2 Agile Prozessoptimierung mit digitalen Whiteboards

Mit digitalen Whiteboards, wie zum Beispiel Stormboard, Miro oder Mural[6] können Teams virtuell zusammenarbeiten wie in einem Vor-Ort-Workshop. Sie können bei diesen Tools typischerweise:

Mithin lässt sich der gesamte Ablauf der Agilen Prozessoptimierung digital gestalten. Nachfolgend finden Sie konkrete Hinweise, wie Sie hierbei vorgehen können. Die genannten Funktionen orientieren sich am Tool „Stormboard"; Sie können aber auch andere Tools verwenden, jedes hat – wie immer – seine spezifischen Vor- und Nachteile.

1 | Ziele, Umfang und Beteiligte festlegen

Zur Definition der Ziele bereiten Sie ein digitales Whiteboard mit Sektionen entsprechend der normalen Zielkarte vor (siehe Abbildung „Zielkarte auf einem digitalen Whiteboard"). Im Webmeeting wird die Zielkarte gemeinsam befüllt, wobei jeder Teilnehmer eigenständig Themen eintragen und somit nominieren kann. Andere Teilnehmer können diese dann kommentieren. Zur Erinnerung: Die Zielkarte sollte die wichtigsten Ziele, aber möglichst wenige Ziele je Kategorie, benennen – so kann das Team im weiteren Verlauf besser damit arbeiten. Zur Auswahl der jeweils wichtigsten Anlässe und Ziele kann ein Voting durchgeführt werden.

Zur Festlegung des Umfangs und der Beteiligten hat es sich bewährt, zunächst in Einzelgesprächen mögliche Ansätze zu sammeln und diese dann in einem Webmeeting abzustimmen. So kommen Sie im Meeting schnell zu Ergebnissen, die Sie wiederum auf einem digitalen Whiteboard festhalten können. Dieses Whiteboard kann wie in der Abbildung „Priorisierung und Planung Umfang sowie Beteiligte mit digitalem Whiteboard" dargestellt strukturiert werden:

- Für die Agile Prozessoptimierung infrage kommende Prozesse
- Bildung einer Rangreihe nach den, aus Sicht der Beteiligten, relevanten Kriterien; dies kann eines oder mehrere Kriterien umfassen; in der Abbildung „Priorisierung, Umfang und Beteiligte mit digitalem Whiteboard" werden beispielhaft die Kriterien „Fehlerquoten" und „Eingesetzte Kapazitäten" verwendet
- Bildung der Rangreihe gesamt und Auswahl des oder der zu untersuchenden Prozesse(s)
- Auswahl der relevanten Varianten und Anwendungsfälle
- Festlegung des jeweiligen Start- und Endpunkts
- Benennung der beteiligten Bereiche

2 | Feinplanung durchführen, Team trainieren und Rollen klären

Nach der Dokumentation der Ergebnisse von Schritt 1 am Whiteboard kann die Feinplanung im Team direkt hierauf aufsetzen. Duplizieren Sie dazu im Tool die bereits erarbeiteten White-

[6] Hinweise auf weitere Tools siehe J. Pfaffenzeller: „Online Whiteboards im Test", Digital Publishing Report Nummer 07 2020, S. 30–35

boards und erweitern Sie diese für die Festlegung der Prozessstationen und der Inputgeber. So können Sie auch diesen Arbeitsschritt problemlos im Rahmen eines Webmeetings beziehungsweise -workshops durchführen.

Das gilt auch für das Training des Teams und die Festlegung der Rollen. Das Training kann per Screen-Sharing in Ihrem präferierten Videokonferenztool durchgeführt werden, so dass die Teilnehmer ihre Fragen per Chat oder per Wortmeldung einbringen und Sie diese im Team diskutieren können. Für die Festlegung der Rollen bietet sich wiederum ein digitales Whiteboard an. Alle Teammitglieder nominieren hierin aus Ihrer Sicht wichtige Rollen und das Team priorisiert diese. Die Teammitglieder können dann vermerken, welche Rolle sie einnehmen möchten und das Team weist in einer offenen Diskussion die Rollen einzelnen Teammitgliedern zu.

Tipp!

Sie können das Whiteboard zur Priorisierung und Feinplanung direkt neben der Zielkarte platzieren. So sammeln Sie alle in diesem Schritt erzielten Ergebnisse an einem Ort und diese können schnell und einfach eingesehen werden.

Ein digitales Whiteboard ermöglicht Ihnen …	Und so funktioniert es …
Themen auf einem Whiteboard sammeln	Die Teilnehmer platzieren ihre Beiträge per Mausklick als digitalem Notizzettel und können dessen Position auf dem Board per Drag and Drop verändern. Dies können Inputs zu den Zielen, Prozessschritte, Optimierungsansätze und andere Inhalte sein.
Themen auf dem Whiteboard anordnen	Das Board wird vorab in verschiedene Sektionen strukturiert. So können Swimlane-Darstellungen für die Prozess-Dokumentation angelegt werden. Zudem können Bereiche für Hindernisse, Optimierungsansätze und weitere für die Agile Prozessoptimierung relevante Informationen angelegt werden.
Themen klassifizieren	Die Notizzettel erhalten unterschiedliche Farben und/oder Formen. So können einfache Prozess-Notifikationen wie Quadrate für Prozessschritte, Rauten für Verzweigungen etc. verwendet werden.
Themen priorisieren	Die Teilnehmer führen ein Voting durch. So können sie schnell und einfach zum Beispiel für den aus ihrer Sicht besten Optimierungsvorschlag abstimmen und diese in eine Rangfolge bringen.
Themen zusammenführen und miteinander verknüpfen	Notizzettel werden mit Pfeilen verbunden. So können Abläufe und Zusammenhänge zwischen Prozessschritten visualisiert werden.
Dokumente und Informationen hinterlegen	Sie können vorab Dokumente in das Board einbinden, die die Teilnehmer bei Bedarf öffnen und sichten können. So können Sie dem Team der Optimierer zum Beispiel folgendes zur Verfügung zu stellen: – Ihre Zielkarte – Eine allgemeine Frage- und Checkliste – Ihre rollenspezifischen Frage- und Checklisten
Das Board zwischen den Arbeitssitzungen weiter bearbeiten	Die Teammitglieder können jederzeit weitere Notizzettel hinzufügen oder Kommentare hinterlegen. So nutzen Sie das Tool auch als virtuellen Teamraum.

Zielkarte auf einem digitalen Whiteboard

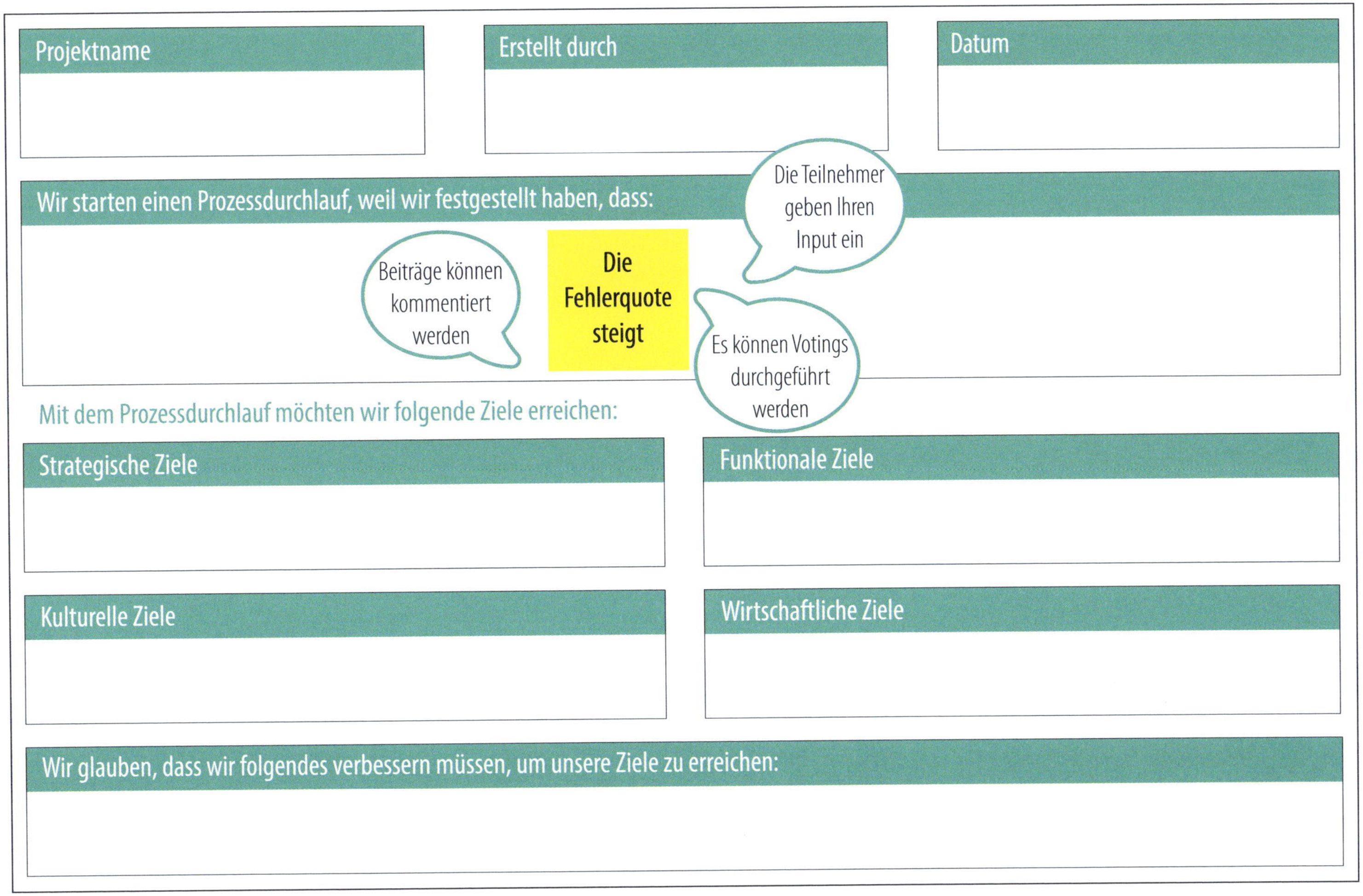

Priorisierung und Planung Umfang sowie Beteiligte mit digitalem Whiteboard

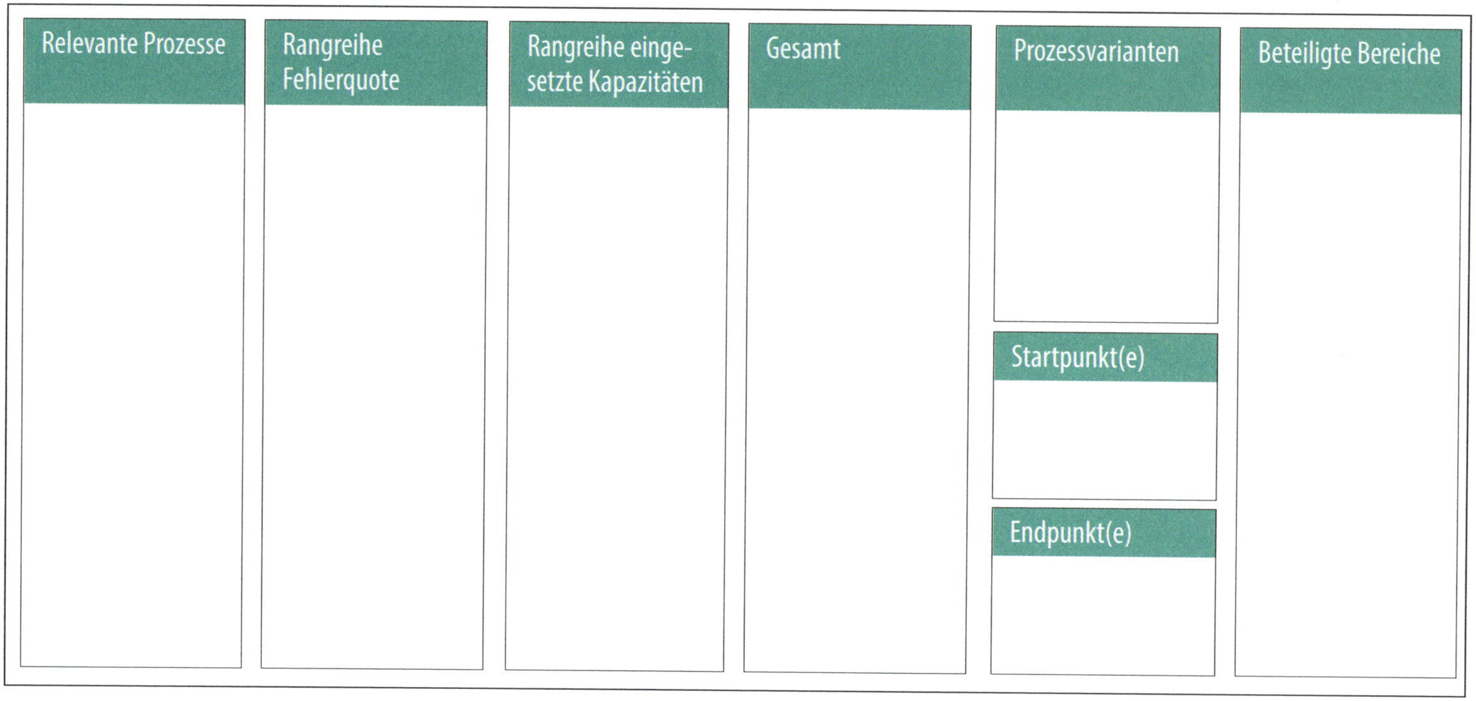

3 | Prozessdurchläufe durchführen

Vor der Durchführung der Prozessdurchläufe müssen Sie, wie in Kapitel 2 dargestellt, den Ablauf planen und die Termine koordinieren. Zur Durchführung digitaler Prozessdurchläufe hat es sich bewährt, diese in separate, circa zweieinhalbstündige Sessions zu unterteilen. Je Session sollten mehrere Inputgeber eingeplant werden, da bei kleinteiligeren Terminen der Rüstaufwand aufgrund des erforderlichen Logins, der Anmoderation etc. zu hoch wäre. Die Anzahl an Websessions hängt vom Umfang des Prozesses ab. Circa fünf Websessions reichen in der Regel für einen Prozessdurchlauf aus.

Das Team durchläuft in diesen Sessions nacheinander gemeinsam in Webmeetings den Ist-Prozess, indem die Inputgeber die einzelnen Prozessschritte erläutern. Vereinbaren Sie mit dem Inputgeber vorab, wie die Optimierer ihre Fragen und ihren Input einbringen können: per virtuellem Handzeichen oder es werden regelmäßig Redepausen verabredet, in denen Fragen gestellt und Anmerkungen gemacht werden können. Letzteres ist durch den Moderator sicherzustellen.

Die Erläuterungen durch den Inputgeber erfolgen mündlich, wo sinnvoll, ergänzt durch ein Screen-Sharing. So kann der Inputgeber den Optimierern die in dem Arbeitsschritt genutzten Tools, wichtige Formulare, Dokumente, Reports etc. zeigen und erläutern. Der „Weiße Hut" dokumentiert derweil im digitalen Whiteboard den Prozessablauf (siehe Abbildung „Prozessdurchlauf mit digitalem Whiteboard"). Die Dokumentation kann auch in einem Prozessmanagement-Tool erfolgen, siehe Abschnitt 3.1.

Die Optimierer können Ihre Notizen im digitalen Whiteboard oder einem anderen geeigneten Tool hinterlegen. Sie können sich aber auch händisch Notizen machen. Sollten Sie sich für die Variante der Dokumentation im digitalen Whiteboard entscheiden, können auf dem Board die Fragen- und Checklisten je Rolle hinterlegt werden. So können sich die Optimierer diese ohne Systemwechsel vergegenwärtigen.

Welche Variante Sie wählen sollten, hängt nicht zuletzt von der technischen Ausstattung der Optimierer ab. Stellen Sie sich vor, Sie haben lediglich einen Bildschirm zur Verfügung und der Inputgeber teilt seinen Bildschirm mit der Gruppe. Wenn Sie nun Notizen auf dem digitalen Whiteboard vornehmen möchten, müssten Sie entweder mit sehr kleinen Ansichten arbeiten oder zwischen den Ansichten hin- und herspringen. Beides ist nicht optimal. Nutzen Sie daher gegebenenfalls Ausdrucke der Fragen- und Checklisten für händische Notizen, die jedoch zeitnah in das Whiteboard übertragen werden sollten.

Nach der Vorstellung einer Prozessstation durch den Inputgeber sollte immer eine abschließende Fragerunde durchgeführt werden, bei der jeder Optimierer nochmals aus seiner Perspektive wichtige Fragen stellen kann.

Zum Abschluss eines Prozessdurchlaufs sollte auch in der virtuellen Variante ein Debriefing erfolgen. Zum guten Gelingen des Debriefings trägt der Einsatz des digitalen Whiteboards bei, insbesondere wenn die Optimierer ihre Anmerkungen dort bereits hinterlegt haben. Hier kann ein Voting durchgeführt werden, welche Probleme als besonders relevant angesehen werden und welche Ideen nach einer ersten Einschätzung nachverfolgt werden sollen. Nach dem Debriefing ist es Aufgabe des „Weißen Huts" die Dokumentation qualitätszusichern und zu vervollständigen.

4 | Optimierte Prozesse entwickeln

In Abschnitt 2.5 wurde eine konkrete Vorgehensweise und Agenda zur Optimierung der Prozesse vorgestellt. Diese können Sie auch zur Durchführung von virtuellen Optimierungsworkshops anwenden. Hierzu werden auf Basis der in den Prozessdurchläufen identifizierten Herausforderungen weitere Ideen zur Optimierung auf dem digitalen Whiteboard gesammelt. Zudem werden die Kriterien zur Bewertung und Auswahl der Ideen dargestellt. So können die Optimierungsideen zielgerichtet diskutiert und hinsichtlich ihrer Vorteile und Chancen sowie ihrer Nachteile und Risiken bewertet werden. Zur abschließenden Bewertung kann die Votingfunktion eingesetzt werden (siehe Abbildung „Prozessoptimierung mit digitalem Whiteboard").

Um den neuen Soll-Prozess optimal zu designen, sollten gegebenenfalls verschiedene Varianten erstellt werden. Sie können hierzu den dokumentierten Prozess, beziehungsweise bereits erstellte Varianten des Soll-Prozesses

Tipp!

Wie in einem Vor-Ort-Workshop bietet es sich auch hier an, die verschiedenen Ideen zu übergeordneten Themen oder Handlungsfeldern zusammenzuführen. Bilden Sie hierzu geeignete Kategorien und verwenden Sie einen Farbcode, um die Ideen der jeweils passenden Kategorie zuzuordnen.

Prozessoptimierung mit digitalem Whiteboard

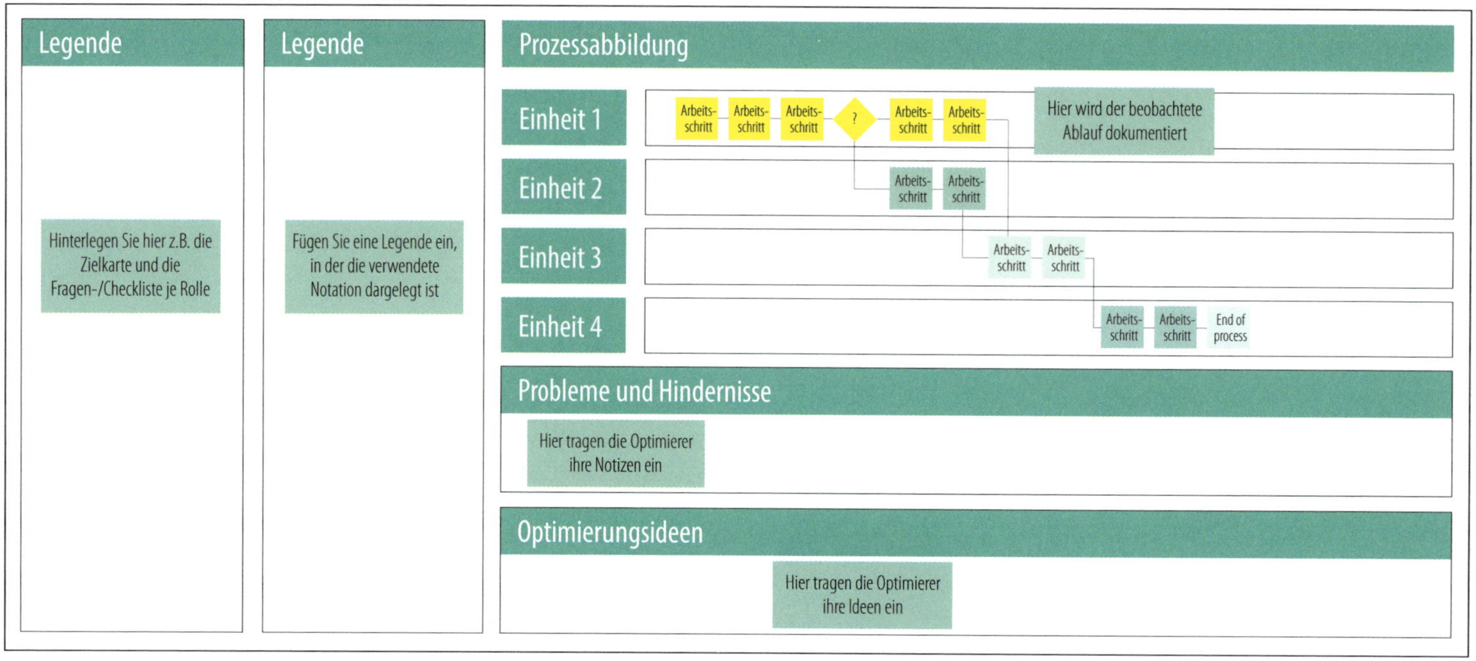

kopieren und so zügig verschiedene Iterationen durchführen. Hierzu können Sie einzelne Prozesselemente per Drag and Drop verschieben. So sieht das gesamte Team sofort die Veränderungen und kann deren Konsequenzen diskutieren.

Nachdem der Prozess zur Zufriedenheit des Teams gestaltet ist, können Sie im selben Board gemeinsam prüfen, ob und wo agile Methoden und Praktiken den bereits verbesserten Prozess weiter optimieren würden. Prüfen Sie hierzu, welche Auswirkungen die Einführung einer agilen Praktik oder Methode auf den Prozessablauf hätte.

5 | Maßnahmen zur Umsetzung planen und durchführen

Nachdem das Team den neuen Soll-Prozess entwickelt hat, kann es nun Schritt-für-Schritt die Erfordernisse der Umsetzung prüfen und diese direkt in einem weiteren digitalen Whiteboard dokumentieren. Hierzu führen Sie die Prozessveränderungen auf und prüfen jeweils, ob und wenn ja, welche Maßnahmen

Prozessoptimierung mit digitalem Whiteboard

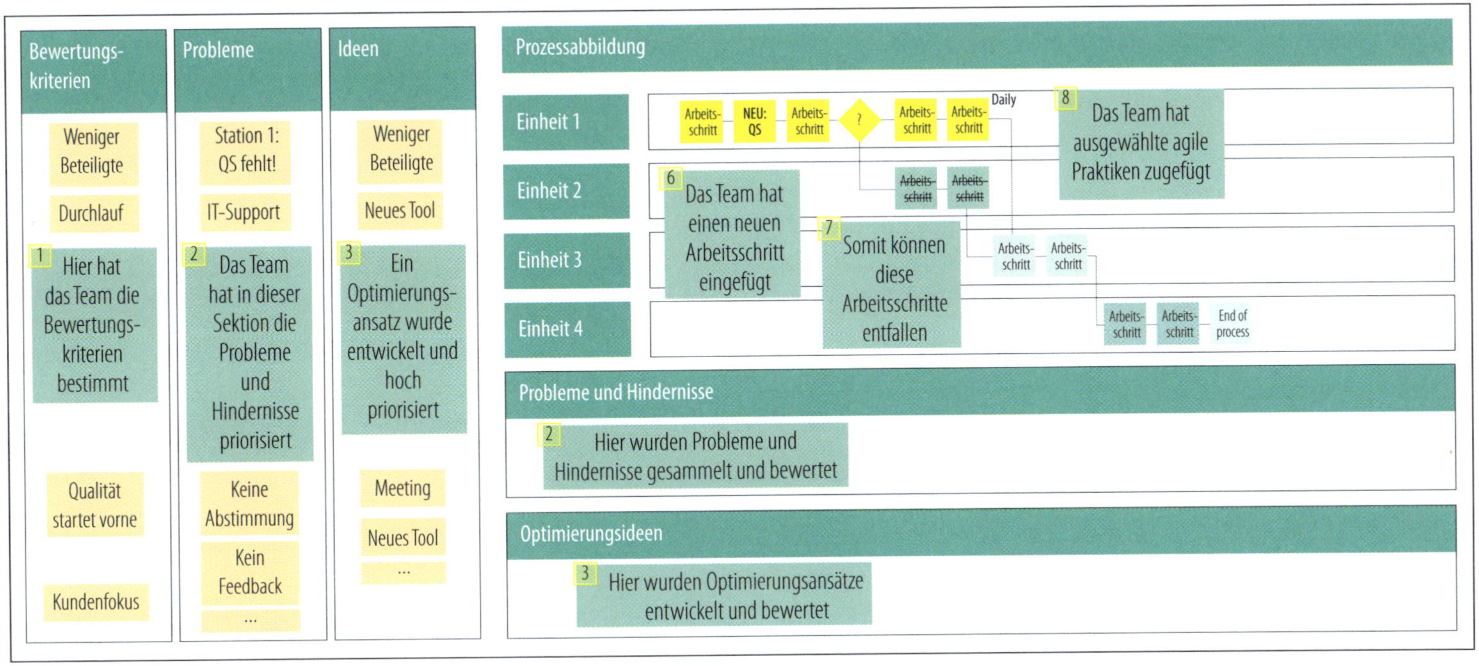

zur Umsetzung erforderlich sind und welcher Bereich diese verantwortlich durchführt (siehe Abbildung „Umsetzungsplanung mit digitalem Whiteboard").

Im Ergebnis verfügen Sie über eine vollständige Dokumentation aller Arbeitsergebnisse der Agilen Prozessoptimierung. Einige dieser Ergebnisse werden üblicherweise noch in andere Programme übertragen – so soll der neue Soll-Prozess vielleicht für alle Beteiligten zugänglich in Excel oder für alle besser verständlich in PowerPoint dargestellt und die Aufgaben in ein Projektmanagement-Tool transferiert werden, um so die Umsetzung der Ergebnisse zu steuern.

Sie haben somit Ihre Agile Prozessoptimierung erfolgreich durchgeführt und können die Umsetzungsmaßnahmen einleiten. Wir wünschen hierbei viel Erfolg!

Umsetzungsplanung mit digitalem Whiteboard

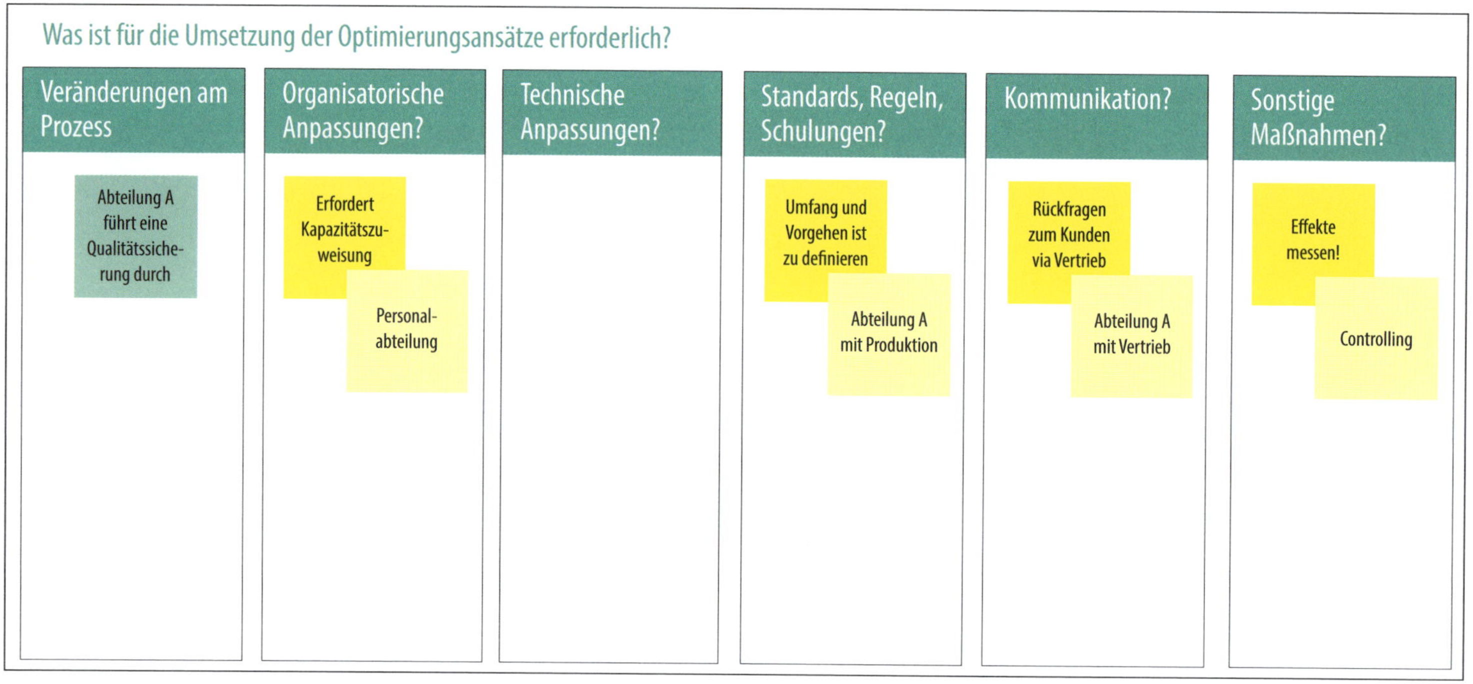

L

Literaturverzeichnis

APQC® – American Productivity & Quality Center (2018). *APQC Process Classification Framework®*, Version 7.2.1, 27. Juni 2018.
https://www.apqc.org/process-performance-management/process-frameworks.

Digitaler Mittelstand. *Change Management: 8 Phasen nach John P. Kotter.*
https://digitaler-mittelstand.de/business/ratgeber/change-management-8-phasen-nach-john-p-kotter-7090.

Olavarria, M. (2018). *Orgazign – Organisationen lebenswert gestalten.* Düsseldorf: Handelsblatt Fachmedien GmbH.

Olavarria, M. & Borggräfe, M. (2018/2019). *Change Management – Veränderung in dynamischen Zeiten agil bewältigen.* schulthess manager handbuch 2018/2019, S. 21–32. Zürich: Schulthess Verlag.
https://www.berlin-consulting.de/wp-content/uploads/2018/11/Schulthess-manager-Beitrag_Olavarria_Borggr%C3%A4fe_2018.pdf.

Windolph, A. & Blumenau, A. *Das 3-Phasen-Modell nach Lewin: Veränderungen richtig gestalten.*
https://projekte-leicht-gemacht.de/blog/pm-methoden-erklaert/das-3-phasen-modell-lewin/.

Olavarria/Buschow
Agile Prozessoptimierung

Marco Olavarria berät seit über zwanzig Jahren Unternehmen vom Start-up bis zum global tätigen Mischkonzern. Gemeinsam mit seinem Team bei Berlin Consulting hat er die Methode der Agilen Prozessoptimierung entwickelt und mit seiner langjährigen Kollegin **Sabrina Buschow** dieses Buch verfasst.

ISBN Print: 978 3 8006 6331 6
ISBN ePDF: 978 3 8006 6332 3
ISBN ePub: 978 3 8006 6333 0

Satz: Fotosatz Buck, Zweikirchener Str. 7, 84036 Kumhausen
Druck und Bindung: Neografia, a.s. ul. Sučianska 39A, 03861 Martin-Priekopa Slowakische Republik
Umschlaggestaltung: Ralph Zimmermann – Bureau Parapluie
Bildnachweis: © iconsgraph – depositphotos.com

CO_2 neutral
chbeck.de/nachhaltig

Gedruckt auf säurefreiem, alterungsbeständigem Papier
(hergestellt aus chlorfrei gebleichtem Zellstoff)